KOUADRI Saber
ZEGAIT Rachid

Protection Contre Les Inondations avec Modélisation (ILLIZI, ALGERIE)

KOUADRI Saber
ZEGAIT Rachid

Protection Contre Les Inondations avec Modélisation (ILLIZI, ALGERIE)

Noor Publishing

Cover image: www.ingimage.com

Publisher:
Noor Publishing
is a trademark of
International Book Market Service Ltd., member of OmniScriptum Publishing Group
17 Meldrum Street, Beau Bassin 71504, Mauritius

Printed at: see last page
ISBN: 978-613-9-42849-6

Zugl. / Agréé par: ouargla, université kasdi merbah, 2018

Sommaire

V. Modélisation hydrodynamique

INTRODUCTION GENERALE

L'homme, depuis des siècles, s'installe aux abords des rivières afin de profiter de ses avantages ; transport fluvial de marchandises, pêche, ressource d'alimentation en eau, source d'énergie hydraulique... mais il doit aussi en subir les caprices dont les plus redoutables sont liés aux crues. Les inondations représentent un danger pour les biens et les personnes dans la plupart des régions du globe. Elles causent plus de 50% des catastrophes naturelles : en moyenne 20.000 morts / an dans le monde. Pour minimiser ce risque, l'analyse des ondes de submersion engendrées par une crue est le plus souvent menée pour le dimensionnement des plans correspondants à la protection civile. Ainsi que l'évaluation des dommages causés par les inondations avant et après la mise en œuvre d'un ouvrage de protection permet d'analyser la réduction du coût moyen annuel des dommages causée par l'inondation.

L'objectif de notre travail est :

* d'étudier l'inondation de la région de ILLIZI et de traiter les moyens de protection contre ce phénomène qui est causée par les eaux pluviales prévenants de l'amont du bassin versant. Et d'assurer l'évacuation de ces eaux loin de la zone urbain avec de meilleures solutions.

*L'application du Modèle HEC-RAS, un modèle Saint-Venant bidimensionnel dans la simulation hydraulique qui permet la détermination des limites du champ d'inondation de crues de référence à partir d'une model numérique de terrain qui a pour but de décrire la géométrie du terrain réel pour le dimensionnement des ouvrages de protection.

Généralité sur les inondations

I.1. Inondations

Le risque naturel est défini par le produit d'un aléa et d'une vulnérabilité *GAUQUELIN, (2008)*. L'aléa est la manifestation d'un phénomène naturel (inondation, séisme, avalanche…etc.) et la vulnérabilité caractérise la capacité d'un enjeu à résister à un aléa donné. Ainsi la vulnérabilité traduit un niveau de conséquence prévisible d'un phénomène dangereux sur l'enjeu considéré [1].

Partout dans le monde, les inondations causent chaque année des dégâts très importants, autant d'un point de vue matériel qu'humain. Elles représentent le type de catastrophes naturelles le plus fréquemment rencontré dans le monde : en effet, selon le site Internet notreplanete-info, 34% des catastrophes naturelles survenues sur la planète depuis 1990 sont des inondations [Figure I.1].

Le risque d'inondation est donc un risque majeur à l'échelle du globe. L'homme se doit donc de tenter de réduire ce risque en essayant de maîtriser les écoulements.

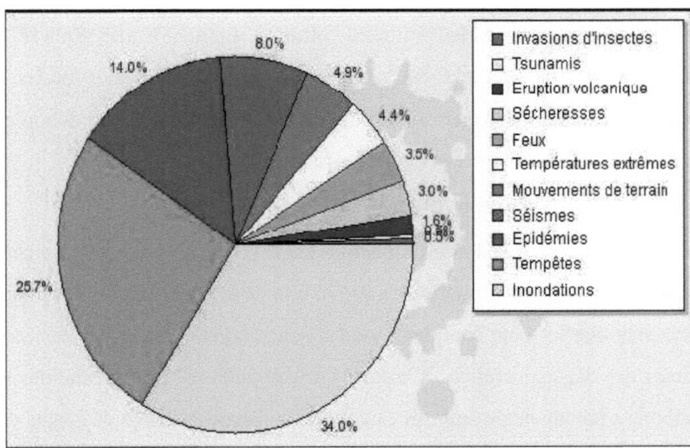

Figure I.1 : Différents types de catastrophes naturelles survenues dans le monde de 1990 à 2007.

I.2. Définitions

Une inondation est une submersion temporaire d'une zone habituellement hors d'eau. Ces inondations peuvent avoir différentes origines comme par exemple de fortes précipitations ou la fonte des neiges et sont naturelles dans la plupart des cas. Elles deviennent problématiques lorsque les inondations touchent des zones anthropisées [2].

Il existe trois types d'inondation [3] :

A) Inondations lentes

Elles se produisent plutôt en plaine, lorsque la rivière sort lentement de son lit pour inonder son lit majeur pendant une période relativement longue. Ce type d'inondation peut également être causé par des remontées du niveau d'eau dans la nappe phréatique après plusieurs années humides.

B) Crues torrentielles

Après un épisode pluvieux intense, les eaux ruissellent rapidement vers les cours d'eau ce qui engendre des crues très violentes et brutales. Ce type de crue se rencontre surtout à l'amont des rivières lorsque les pentes des cours d'eau sont encore importantes.

C) Ruissellement pluvial

Ce type d'inondation résulte des aménagements réalisés par l'homme. L'imperméabilisation des sols (voirie, toiture…etc.) et les pratiques culturales limitent l'infiltration de l'eau dans le sol et favorisent le ruissellement en surface. En période de fortes pluies, les réseaux d'assainissement peuvent subir une saturation ce qui peut engendrer des débordements et des écoulements plus ou moins importants dans les rues.

I.3. Inondations dans le monde

La majorité des pays du monde sont concernés par le risque d'inondation. La carte ci-dessous vous présente les inondations importantes que le monde a subies depuis 1985 [figure I.2]. La carte montre bien que les cinq continents sont touchés régulièrement par des inondations qui peuvent causer des dégâts matériels et humains très importants. Les inondations touchent près de 20000 victimes par an en moyenne et causent des milliards d'euros de dégâts chaque année.

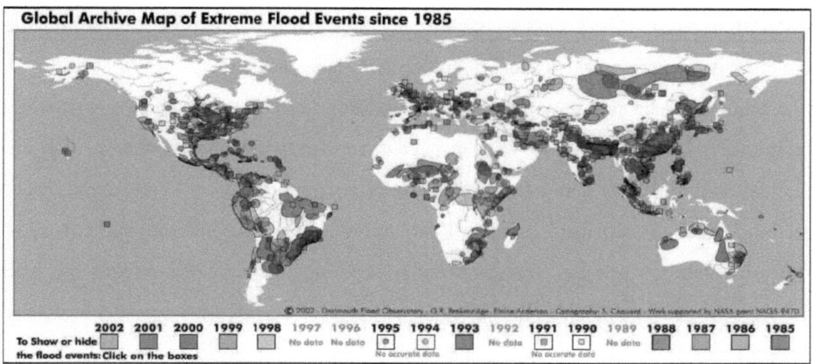

Figure I.2 : Répartition mondiale des inondations de 1985 à 2002.

Il faut tout de même signaler que les inondations restent un phénomène naturel qui participe au bon fonctionnement des cours d'eau. Elles permettent par exemple de fertiliser les terres du lit majeur et participent également au bon fonctionnement de nombreux écosystèmes et zones humides. Les inondations ne sont pas forcément des catastrophes naturelles, mais la présence de plus en plus importante d'activités humaines dans les lits majeurs des cours d'eau est incompatible avec la puissance dévastatrice de l'eau en période de crue.

I.4. Lutte contre les inondations

Pour lutter contre les inondations et réduire les dégâts causés par celles-ci, l'homme dispose de différents outils plus ou moins efficaces pour protéger les zones urbanisées. Le premier choix à faire est de limiter les constructions nouvelles dans les zones fortement exposées aux inondations ce qui permettra de conserver les zones d'expansion des crues des rivières.

L'homme peut également construire des ouvrages hydrauliques dans les lits majeurs de la rivière pour contrôler les écoulements.

De plus, les connaissances actuelles de la météorologie et de l'hydrologie permettent de prévoir la monté des eaux et de prévenir les riverains préalablement avertis des risques et des actions à entreprendre au moment de la crue [4].

I.4.1. Ouvrages Hydrauliques

Depuis longtemps, l'homme protège ses villes, ses habitations et ses zones industrielles par des digues plus ou moins hautes ce qui permet de bloquer l'eau en période de crue. Les avancées scientifiques dans le domaine l'hydraulique ainsi que l'arrivée des outils informatique de modélisation ont permis de mieux connaître le comportement des rivières en période de crue et ainsi créer des ouvrages plus efficaces contre la montée des eaux.

La lutte contre les inondations se doit aujourd'hui d'être plus raisonnée que par le passé. La dynamique de la rivière doit être respectée en limitant l'endiguement et en favorisant l'inondation des plaines d'inondation et les ouvrages qui permettent l'écrêtement des crues. Ce type d'ouvrages est capable de stocker l'eau au moment de la pointe de crue ce qui permet de réduire les débits maximaux transitant dans les villages aval. Ces ouvrages qui ralentissent l'écoulement peuvent être des barrages, ou des casiers de rétention (ensemble de digues qui stockent l'eau).

I.4.2. Prévision et Prévention

Actuellement, et grâce aux avancées indéniables des sciences et technologies d'ingénierie, il existe des outils permettant de prévoir une inondation quelques heures voire quelques jours à l'avance. En effet, la précision des prévisions météorologiques et les avancées dans le domaine de l'hydrologie permettent aujourd'hui de créer des logiciels de prévision des crues.

La prévention est aussi une composante très importante pour éviter une catastrophe naturelle.

Les inondations les plus importantes étant très rares, les riverains en oublient les dangers et les actions à entreprendre lorsque le niveau de l'eau monte Les collectivités publiques doivent informer les riverains des risques qui les concernent ainsi que les comportements et les actions à effectuer en période de crue [5].

Présentation de la zone d'étude

II.1. Cadre géographique

La wilaya d'Illizi se situe à l'extrême Sud Est du l'Algérie, elle s'étend sur une superficie de 284 618 Km² avec une population estimée à 33767 habitants (O.N.S 2000), repartie à travers 06 Communes, elle est Limitrophe avec trois pays sur une frontière de près de1200 Km, comme suit (figure : 01) :

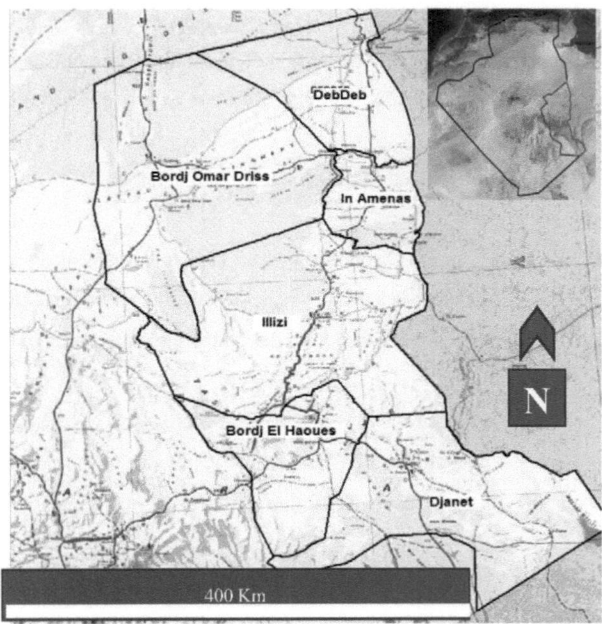

Figure II.1 : Carte de découpage Administratif de la Wilaya d'Illizi.

- La Tunisie au nord-est, sur près de 25 Km
- La Libye à l'est, sur près de 1000 Km
- Le Niger au sud, sur près de 102 Km

A l'intérieur du pays, la wilaya est limitée par 02 wilayas :

- La wilaya de Tamanrasset à l'ouest
- La wilaya de Ouargla au nord

Elle est découpée en six communes, à savoir :

Bordj Omar Driss, Deb Deb, In Aménas, Illizi, Djanet, Bordj El Houes

II.2. Analyse Climatique :

Selon J. Dubief le climat du Sahara septentrional correspond à un schéma global de circulation atmosphérique, qui consiste en un échange entre la zone des basses pressions et celle des hautes pressions subtropicales dues aux Alizés (qui soufflent à basse altitude du Nord et du Nord-Est vers l'Equateur), et aux courants d'altitude venant de l'Ouest. Cependant ce schéma de circulation n'est pas valable toute l'année. L'absence de relief à l'Ouest sur la bordure atlantique permet à l'anticyclone subtropical des Açores de déborder en hiver sur l'Afrique du Nord et le Sahara tandis qu'en été, il migre vers le Nord. Par ailleurs, les vents d'été, qui sont relativement frais et humides sur la côte méditerranéenne se déplacent sur le Sahara, où ils se réchauffent et s'éloignent de leur point de saturation, ce qui augmente leur action de dessèchement. La région d'Illizi fait partie du bas Sahara et obéit à ce schéma climatique.

La région d'Illizi est caractérisée par un climat de type saharien :

- C'est un climat aride : un été chaud et sec et un hiver relativement doux avec des températures élevées pendant la saison estivale où la température peut atteindre les 45°C avec d'importants écarts journaliers et des températures relativement basses en dessous de 10°C en hiver.
- Les précipitations sont très rares : elles ne dépassent guère les 50 mm/an en moyenne, janvier est le mois le plus pluvieux (9 mm) et août le plus sec (1mm en moyenne).
- Les vents sont abondants et deviennent plus fréquents et plus violents pendant la saison printanière

II.2.1. Facteurs climatiques :

Pour ces facteurs climatiques, les données statistiques de trois stations météorologiques ont été pris en considération, à savoir : Stations de Djanet et In Aménas sur le territoire algérien et la station de Ghadamès sur le territoire Libyen de la faite qu'elle est située à 12 Km sur le même parallèle et la même altitude que MERIKSENE.

Les données climatiques des régions de DJANET et IN AMENAS disponible s'étalent sur la période 1975 / 1984. Pour la station de GHADAMES, la série et comme suit :

- Températures : période d'enregistrement années 1927 à 1934 et 1944 à 1950.
- Précipitations : période d'enregistrement années 1944 à 1950.

II.2.1.1. Températures :

Les données mensuelles sur la température disponible, sur les trois stations montrent que les mois de juin, juillet et août sont les mois les plus chauds (31.3 °C à 32 °C), par contre les mois les plus froids sont: décembre, janvier, et février (9.9 °C à 15.6 °C), à partir de ces données on peut diviser l'année en deux périodes :

- Une période froide allant de novembre à avril, caractérisée par des températures moyennes inférieures à la moyenne de l'année.
- Une période chaude allant de mai à octobre, caractérisée par des températures moyennes supérieures à la moyenne de l'année.

Les tableaux I, II et III illustrent les données et les valeurs caractéristiques de la température sur les trois stations.

II.2.1.2. Précipitations :

Selon les saisons, les précipitations sahariennes ont une origine différente. Celles de l'été sont dues aux dépressions de mousson. Par contre celles de l'hiver dépendent et sont liées aux dépressions qui accompagnent la migration vers le sud des fronts polaires, et pendant les saisons intermédiaires. Les précipitations sont dues aux dépressions soudano sahariennes qui traversent du Sud au Nord le Sahara. Il semble que le Sahara septentrional est beaucoup plus atteint par ces dépressions soudano sahariennes d'origine tropicale que par les pluies de la mousson soudanaise.

Les tableaux AI, AII et AIII font ressortir le caractère très faibles et aléatoire des précipitations sur les trois stations. Les données relatives aux hauteurs moyennes annuelles sur les trois stations varient entre 16,3 mm et 30,3 mm

II.2.1.3. Humidité relative de l'air :

Cette valeur illustre le rapport de pression partielle de la vapeur d'eau dans l'air et la pression de vapeur saturante dans les mêmes conditions de température et de pression. Les valeurs observées sur les trois stations montrent que l'humidité est plus élevée en hiver qu'en été, ces valeurs peuvent oscillées entre 35 et 50,1 %. En été les fortes températures dissipent la vapeur d'eau atmosphérique, ce qui explique les faibles valeurs de l'humidité pouvant descendre jusqu'à 19,1 %.

II.2.1.4. Vents :

Généralement les vents sont faibles à modérés. Les plus fréquents sont ceux du Sud-est et Est. Les plus forts soufflent souvent durant les mois de mars, avril, mai et septembre avec une vitesse qui peut atteindre parfois les 120 Km/h.

Tableau II.1 : Données climatiques de la région de DJANET.

STATION : DJANET LATITUDE : 24.55 N INDICATIF : 60.670

ALTITUDE : 1054.00 m LONGITUDE : 09.47 E PERIODE : 1975/1984

Mois / Paramètres	J	F	M	A	M	J	J	A	S	O	N	D	Année
Cumul mensuel des précipitations quotidiennes (mm)	0.4	2.6	0.7	1.2	1.7	3.7	0.0	0.2	2.5	2.4	0.3	0.5	16.3
Précipitations mensuelles Maximales (mm)	3.0	6.5	3.6	3.5	3.0	14.8	0.0	2.3	8.1	6.6	2.0	3.4	
Moyennes mensuelles des Températures (°C)	12.6	15.6	19.3	25.0	30.0	32.0	31.7	31.3	29.0	24.8	18.2	14.0	23.6
Humidité relative (%)	36.1	32.2	25.8	23.1	22.1	20.9	19.1	21.4	26.3	30.9	35.6	36.3	27.5
Moyennes mensuelles des vitesses du vent (m/s)	1.2	1.5	2.0	2.0	2.3	2.3	2.8	2.4	1.7	1.5	1.3	0.9	1.8

Source : bureau S.E.D.A.T (d'après ONM).

Tableau II.2 : Données climatiques de la région de IN AMENAS.

STATION : DJANET LATITUDE : 28.05 N INDICATIF : 60.611

ALTITUDE : 561.00 m LONGITUDE : 09.63 E PERIODE : 1975/1984

Mois / Paramètres	J	F	M	A	M	J	J	A	S	O	N	D	Année
Cumul mensuel des précipitations	1.9	2.6	4.5	0.7	3.4	3.2	0.0	0.0	1.9	3.8	3.1	4.4	29.5

quotidiennes (mm)													
Précipitations mensuelles Maximales (mm)	7.7	13.2	13.6	4.1	13.1	13.5	0.0	0.0	10.6	10.7	22.9	19.1	
Moyennes mensuelles des Températures (°C)	9.9	12.7	16.9	22.8	27.8	31.5	31.8	31.5	28.6	23.0	15.6	10.9	21.9
Humidité relative (%)	50.1	42.6	35.0	27.9	25.5	21.4	21.7	22.0	28.7	38.1	47.8	49.6	34.2
Moyennes mensuelles des vitesses du vent (m/s)	3.3	3.7	4.3	4.6	5.6	5.2	5.0	4.6	4.6	4.2	3.5	3.0	4.3

Source : : bureau S.E.D.A.T (d'après ONM).

Tableau II.3 : Données climatiques de GHADAMES, située à 12 Km sur le même parallèle et la même altitude que MERIKSENE.

Mois / Paramètres	J	F	M	A	M	J	J	A	S	O	N	D	Année
Températures Minima (m)	2.6	4.3	8.4	12.3	17.9	21.7	22.5	21.9	19.4	14.9	9.4	5.0	13.4
Températures Maxima (m)	17.7	20.7	25.7	30.8	35.9	40.8	41.9	41.4	37.7	32.1	24.9	23.5	32.5
Précipitations mensuelles Moyennes (mm)	5.4	4.7	2.0	14.3	1.1	0.0	0.0	0.0	0.0	0.0	1.1	1.7	30.3

- Températures : période d'enregistrement années 1927 à 1934 et 1944 à 1950.
- Précipitations : période d'enregistrement années 1944 à 1950.

Source : bureau S.E.D.A.T (d'après ONM).

II.3. Aspect géologique

Dans un sens large, la ville d'Illizi est construite sur un relief de plateau composé des sols du Dévonien Inférieur argilo-gréseux (diag) voir sur carte géologique jointe et d'age (Emsien?) et du Quaternaire. Au nord à 12 Km environ affleurent les couches du Dévonien moyen à supérieur indifférencié (d2-3), ces dernières sont surmontées beaucoup plus au nord par des couches du Dévonien supérieur à carbonifère formées essentiellement par le grès du Khenig (dh), Fammenien supérieur à Tournaisien, avec des côtes moyennes de 550 à 650 mètres et pouvant avoir des points culminants dépassant les 700 mètres. Cette différence de dénivellation donne naissance à un paysage de canyons favorisant le ruissellement des eaux et l'accélération des écoulements.

Un paysage de plaine s'étend du coté de Tan Toura au nord-est, la zone de Halloufa à l'est et vers le sud du côté de Gara Souf Mellene passant par Adjnadjane à la Gara Tan Harab. Cette plaine sur un rayon de 8 Km, est principalement composée de formations post Mésozoiques (Quaternaire), avec une altimétrie comprise entre 560 et 570 mètres. Au sud et au-delà de 8 Km affleurent les formations du Dévonien Inférieur, celles reconnues sous l'appelation (dSa) formations de l'Oued Samène (Siegenien?).

Leurs altitudes dépassent les 700 mètres. Ces formations constituent un domaine tectonique, avec des déformations franches et fracturations majeures, touché par des failles importantes s'étalent sur plusieurs dizaines de kilomètres et ont une direction nord-sud, d'autres moins importantes de direction est-ouest. Les cartes n° 3 et 4, illustrent l'aspect géologique de la zone d'étude.

Dans le sens strict, la géologie de la wilaya d'Illizi se présente sous deux grandes unités distinctes du point de vue litho-stratigraphie, à savoir :

1. Le socle cristallin
2. La couverture sédimentaire

Source : D'après A. Foucault et J.F. Raoult, 2000.

II.3.1.Le socle cristallin

Il s'agit d'un vieux socle cristallin d'âge Précambrien qui affleure au sud de la wilaya (Djanet et Bordj El Houes). Celui-ci se subdivise en deux grandes séries métamorphiques séparées par une importante discordance. Ces séries sont:

- Le Suggarien : ce sont les formations les plus anciennes ; elles sont constituées essentiellement par des schistes très métamorphisés.
- Le Pharusien : les formations Pharusiennes sont séparées de celles du Suggarien par une discordance majeure. Elles sont constituées par des conglomérats, des quartzites, des schistes et des micaschistes.

II.3.1.2.La couverture sédimentaire

Dans la partie nord de la wilaya, le socle est recouvert par d'épaisses formations paléozoïques et mésozoïques ; suivies vers l'extrême nord-ouest par les formations tertiaires.

Cette couverture est représentée essentiellement du bas en haut par :

a) Le paléozoïque, avec :

- Le Cambro-Ordovicien

- Le Gothlandien
- Le Dévonien
- Le Carbonifère

b) Le mésozoïque, avec :

- Le Trias
- Le Jurassique
- Le Crétacé, avec les termes suivants: l'Albien, le Barrémien, le Cénomanien, le Turonien et le Sénonien.

- **Le Cambro-ordovicien**, puissant ensemble détritique, très faillé, transgressif et discordant sur le socle Précambrien. Affleurant au sud de Fort Polignac (Illizi) et faisant partie des Tassilis internes, le C.O est constitué essentiellement, de la base au sommet, par un conglomérat de base, des grès quartzifiés et des intercalations argileuses.
- **Le Gothlandien**, succédant brusquement aux immenses épandages détritiques du Cambro-Ordovicien, le Gothlandien est représenté par des argiles à graptolites et des grès.
- **Le Dévonien**, Affleurant dans la région d'Illizi, le Dévonien débute par une puissante assise gréseuse souvent en bancs massifs et des intercalations argilo-gréseuses et se termine par des argiles schisteuses à passées gréseuses et calcaires.
- **Le Trias**, localement, le Trias est représenté par une alternance de grès argileux et des argiles ; le tout est surmonté par des formations carbonatés.
- **Le Jurassique**, le Jurassique est représenté essentiellement par des argiles sableuses avec des passées de sables et de calcaire dolomitique.

N.B : Dans les régions d'In Aménas et Stah, l'ensemble Jurasse-Triasique est appelé série de zarzaitine

- **Le Malm**, c'est le terme de passage au crétacé. Il est relativement peu épais et il est constitué d'une alternance de sable, de bancs gréseux et des intercalations d'argile.
- **Le Barrémien**, est constitué par des formations détritiques : sables, sables argileux et argiles. Dans la région de Stah, le Barrémien admet une épaisseur de 300 mètres.
- **L'Albien**, essentiellement gréseux et argilo-gréseux, l'Albien est reconnu dans la région de Deb Dab à 600 mètres et dans la région de Ohanet à 300 mètres. Dans la région d'Ohanet et Stah, le Malm, le Barrémien et l'Albien sont groupés sous le nom de la série de Taouratine.

Par ailleurs, les deux séries (zarzaitine et taouratine) forment localement ce qu'on appelle le Continental Intercalaire. Les études géologiques, faites sur la région, ont mis en évidence, d'une part, que les formations du Continental Intercalaire affleurent bel et bien suivant une bande relativement large, orientée est-ouest, au sud du plateau de Tinhert. D'autre part, la limite naturelle du Continental Intercalaire est marquée par la discordance hercynienne. Cette limite se prolonge selon un axe passant à 50 km au sud de Bordj Omar Driss et à 30 km au sud d'In Aménas.

- **Le Cénomanien**, Venants en transgression sur les formations continentales de l'Albien, les dépôts marins du Cénomanien sont représentés par une puissante série sous forme d'empilements d'argiles, de gros bancs de gypse et/ou d'anhydrite. Localement, la série admet une épaisseur de 100 à 300 mètres.
- **Le Turonien**, le Turonien est pratiquement carbonaté: calcaires et calcaires dolomitiques en bancs massifs. Il affleure dans la région de Ohanet.
- **Le Sénonien**, Témoignant d'un régime tantôt marin tantôt lagunaire, les sédiments du Sénonien sont essentiellement des calcaires et des dolomies au dessus desquels reposent en alternance des argiles rouges, du gypse, des anhydrites et parfois du sel gemme massif.
- L'Eocène, est constitué principalement par des calcaires dolomitiques. Il est relativement moins épais : 50 à100 mètres.
- **Le Miopliocène**, est reconnu dans le nord-ouest de la wilaya (Région de Rhoud Nouss) par des forages pétroliers et hydrauliques. Il se présente en un ensemble détritique composé par sables siliceux et des passages d'argiles et de grès. Les formations Miopliocène tendent à s'amincir vers le sud et le sud-est de Rhourd Nouss, pour disparaître complètement sur le plateau de Tinhert.

Le Turonien, le Sénonien, l'Eocène et le Miopliocène sont groupés sous le nom du système du Complexe Terminal.

HISTORIQUE DES CRUES DE L'OUED ILLIZI

III.1. HISTORIQUE DES OBSERVATIONS :

Sur les Oueds sahariens on ne dispose pas de mesures ou observations continues jamais réalisées vu les conditions climatiques, Néanmoins des observations descriptives des crues ou leur trace ont depuis longtemps fait l'objet de plusieurs notes.

Les plus anciennes crues notées dans les archives françaises et le recueil de Jean Dubief, sont celles de 1860 à 1922 et 1923 à 1951. La liste des crues recueillies à partir de 1860 est représentée dans le tableau ci- après :

Tableau III.1 : Crues Observées de 1860 à 1922, Renseignements anciens d'origines diverses, de valeurs inégales manquant de continuité

Dates des Crues	Importance	Observations
1860 (Décembre) à 1862 (Printemps)	Crues	Crues probables de tous les Oueds d'après Duveyrier
1878 – 1879 (Hiver)	Exceptionnelle	Tous les Oueds ont été en crue.
1879 – 1880 (Hiver)	Exceptionnelle	Tous les Oueds ont coulé, le lac Menkhour avait une étendue d'eau équivalente à un carré de 500 m de côté (1ère mission Flatters).
1884 – 1885 (Hiver)	Très importante	
1893 –du mi-novembre au mi-décembre	Importante	Crues des Oueds Emihrou jusqu'à Isaouane et des autres Oueds, donnant l'impression d'une vallée des Ighargharen transformée en marécages. Le lac Menkhour plein.
1896 – été		Légères crues dans l'Ighargharen de l'ouest
1898 -	Crue	
1900 - Mars	Crue	
1904 (Décembre)	Crue	Crues de tous les Oueds du Tassili dont le Tarat; en 1905, le Menkhour était plein.
1908	Crue	Crues de certains Oueds tel le Tasset (haut Emihrou).
1909	Crue	Crue du Tarat
1912 (printemps)	Crue	Crue du Tarat
1913 (printemps)		Crue du Tarat?
1914 (novembre)	Crue	!?
1915 (Mars et Avril)	Crues	Crues des Oueds du Tassili, dont le Tarat qui eu une forte crue (Docteur Vermale)
1919 (Novembre)	Crue	Crue de l'Emihrou et du Tarat.
1920 (Février) 1920 (Septembre)	Crue Crue ?	Crue de l'Emihrou et du Tarat. Crue de l'Emihrou et du Tarat.
1922 (Janvier) 1922 (Avril)	Crue Crue ?	!?

Tableau III.2: Crues observées de 1923 à 1951, Renseignements assez complets relatifs aux crues de l'Oued Illizi à Fort Polignac, d'après les observateurs météorologistes de ce poste, complétés par les "rapports mensuels des territoires du sud".

Dates des Crues	Importance	Observations
1923 30 Mars Mai Juin	 Néant Crue Néant	 Crue des Oueds Emihrou et Tadjeradjeri, lac Menkhour plein. Crues des Oueds du Tassili tel que le Tarat.
1924 (Octobre)	Crue	Crue de l'**Oued Illizi** pendant 03 jours, ainsi que de l'Emihrou et de l'Issekra.
1925 (Septembre)	Néant	Crues de quelques Oueds du Tassili occidental tels que ceux du Tirhemar et du Tahihaout.
1927 Octobre Novembre	 Importante Moyenne	 Crue de l'**Oued Illizi** à Fort Polignac le 21 octobre à 5 h. 30 mn, venant de l'**Oued Djaret**. Vitesse 5 à 6 Km/h, profondeur de 50 à 60 Cm. Recrudescence de la crue le 22. Durée totale 36 heures. Crues des Oueds des ighargharen, lac Menkhour rempli. Crue de l'**Oued Illizi** le 02. vers 15 h. jusqu'au 03 à 10 h. crues des Oueds samen, Ehan et Tadjeradjeri. Lac Menkhour plein.
1928 (Janvier)	Importante	Crue de l'**Oued Illizi** le 08. après un maximum le 09, elle reste stationnaire jusqu'au 13 et décroît rapidement ensuite. Crues des autres Oueds du Tassili.
1930 (Mai)	Importante	Crue de l'**Oued Illizi** du 26 au 30. Hauteur maximum 1 à 2 mètres 50.
1931 (Avril)	Très forte	Crue très forte de l'**Oued Illizi** le 25 à 20 h 30 mn. A 23 heures sa largeur atteint 700 à 800 mètres, sur 4 mètres de profondeur. Les jardins et les puits sont détruits. Six autochtones mort noyés. Crues des autres Oueds du Tassili dont le Tarat.

1932 (Mars)	?	Crues des autres Oueds du Tassili.
1933 janvier Juin	 Néant Néant	 Crue du Tarat. Crue de quelques Oueds.
1934 (Mai)	Néant	Crue de quelques Oueds.
1938 Mai Novembre	 Néant Néant	 Crue de l'Oued Emihrou. Crue de l'Oued Emihrou.
1940 Août Septembre Octobre	 Néant Néant Assez importante	 Crues de certains Oueds. Crues des Oueds Tarat, Emihrou et Tadjeradjeri. 02 crues de l'**Oueds Illizi**, la 2ème de 60 heures de durée.
1941 (Juin)	Néant	Crues en montagne, notamment des Oueds Emihrou et Tarat.
1942 Janvier Août Septembre Octobre	 Néant Moyenne Néant Abondante	 Crues des Oueds du Tassili. L'Oued Tarat coule pendant 03 jours. Le 25 crue de l'**Oued Illizi** durant toute la journée. Crues le 08 des Oueds Tasset, Tarko, le 09 de l'Emihrou. Nuit du 22 au 23, crue abondante de l'**Oued Illizi**. Elle se prolonge jusqu'au 26, époque où commence la décrue. Le 31 il y a encore de l'eau dans le lit de l'Oued.
1943 (Avril)	Néant	Quelques Oueds coulent.
1945 Février Avril – Mai Juin Septembre	 Forte Néant Crue Néant	 Forte crue de l'**Oued Illizi** et des Oueds du Tassili. Crue de l'Oued Karkai. Entre le 10 et le 15, crue des Oueds du Tassili. Lac Menkhour rempli. En fin du mois, crue de 19 heures et 15 heures de durée de l'Oued Aharhar (Tadjeradjeri supérieur) ainsi que l'Oued Tarat.

Octobre	Crue	Crue de l'**Oued Illizi** du 13 au 22. L'Oued Emihrou atteint l'Isaouane, le Tarat n'atteint pas l'Asskeifaf. Le Tadjeradjeri ne rempli pas le Menkhour comme en juin, mais forme un petit lac à Tin Anou Edjeri. Le Karkai forme un Lac de 200 mètres de long au débouché du Maader d'Isekra.
1946 Février Septembre	 Importante Crue	 Du 05 au 08, crues des Oueds Tarat, Emihrou, **Illizi**, Tadjeradjeri qui remplit le lac Menkhour. Crues des Oueds Tarat, Emihrou, **Illizi** et Aharhar.
1947 Mai Juin	 Néant Néant	 La majorité des Oueds ont coulé. Forte crue de l'Oued Tarat
1948 (Avril)	Néant	De nombreux Oueds du Tassili ont coulé.
1949 (Avril)	Néant	Crue de l'Oued Tarat inondant le Maader.
1950 Février Août	 Néant Crue	 Crue de l'Oued Tadjeradjeri. Le 23, crue des Oueds Emihrou et Tadjeradjeri.
1951 Janvier 19 septembre au 06 octobre	 Crue Très forte	 Du 13 au 15. Crues de tous les Oueds du 20 septembre au 05 ou 06 octobre. L'Oued Tadjeradjeri coule jusqu'au Maader d'In Zaouatene, l'**Oued Illizi** jusqu'à In Afelala, le Samene jusqu'à Ain Kahla, l'Emihrou jusqu'à 08 Km en amont de Tin Mazoukine, le Tarat jusqu'à l'Akba Ahra.

Tableau III.3 : Fréquence des mois de crues de l'Oued Illizi à Fort Polignac.

Mois	J	F	M	A	M	J	J	A	S	O	N	D	TOTAL
Fréquence des mois de crues Oued Illizi à Fort Polignac (1)													
Nombre de mois	2	2	0	1	1	1	0	2	2	5	1	0	17
Pour 100 ans	8	8	0	4	4	4	0	8	8	19	4	0	67
Ensemble des Oueds (de 1938 à 1950)													
Nombre de mois	1	3	0	4	3	3	0	3	4	3	1	0	23
Pour 100 ans	8	23	0	31	23	23	0	23	31	23	8	0	193
Ensemble des Oueds (de 1926 à 1950)													
Nombre de mois	3	3	1	6	6	4	0	3	4	4	2	0	36
Pour 100 ans	12	12	4	24	24	16	0	12	16	16	8	0	144

Tableau III.4: Fréquence des mois de pluies.

Mois	J	F	M	A	M	J	J	A	S	O	N	D	TOTAL
Fréquence des mois de pluie													
Fort de Polignac (26 ans)	31	38	23	27	35	27	0	19	31	42	23	31	
Hauteurs de pluie													
Fort de Polignac (1926-50, 25 ans)	1.9	3.4	1.2	1.6	1.4	0.6	0.0	0.1	1.7	2.1	1.4	1.4	16.8

III.2. DERNIERE CRUE ET DETERMINATION DES ZONES INONDABLES :

Le tableau ci – après illustrent bien la localisation de ce crue.

Tableau III.5 : Localisation des infrastructures inondées et traces de la dernière crue.

N°	Lieu ou infrastructure Inondée	Côte Terrain Naturel	Côte trace Inondation	Hauteur lame d'eau	Observations
1	Côté école In Koures : X : 449746 Y : 2931408 Z' : 547,04 (hauteur gabion)	545,04	Point désigné comme vulnérable et de débordement de l'Oued vers la ville, d'après la constatation faite par l'organisme de contrôle technique de la construction du sud (Constat N° 01).		

2	X : 449115.7 Y : 2931408	545.11	Point fragile		
3	X : 447150 Y : 2931338	543.79	Situé derrière la SNTV, près de la station pompage finale (A.E.U), point d'évacuation et d'allègement des eaux d'inondation, retour vers le cours de l'Oued Illizi. Brèche ouverte par les services de la cellule de gestion de la crise.		
4	X : 447929.5 Y : 2930683	544.03	Point d'évacuation et d'allègement des eaux d'inondation, retour vers le cours de l'Oued Illizi. Brèche ouverte par les services de la cellule de gestion de la crise.		
5	X : 446946.4 Y : 2931593	543.66	Point d'évacuation et d'allègement des eaux d'inondation situé à proximité des rouines de MA AICHA, retour vers le cours de l'Oued Illizi. Brèche ouverte par les services de la cellule de gestion de la crise.		
6	Abattoir	545.25	546.75	+1.50	
7	Marché	544.42	546.26	+1.84	
8	Ecole Fondamentale	545.54	-	-	
9	Siège de la D.P.A. T	545.04	546.24	+1.20	
10	Siège de la D.H. W	545.49	546.59	+1.10	
11	Siège de la direction des Douanes Algériennes	545.47	-	-	
12	Siége A.D.E	545.69	546.79	+1.10	
13	Douanes Algériennes (Parc)	545.52	-	-	
14	Ecole Primaire	547.96	-	-	
15	Mosquée	547.05	-	-	
16	Direction de l'Education	548.21	-	-	Limite inondation
17	Agence Algérie Poste	549.15	-	-	Limite inondation
18	Siège de la Daïra	547.95	-	-	Limite inondation
19	Souk El Fellah	546.92	-	-	
20	Jardin public	544.09	544.99	+0.90	
21	ENEMA	545.03	-	-	
22	Siège de la Gendarmerie Nationale	542.83	-	-	
23	NAFTAL	543.44	-	-	
24	Siège de la Sûreté Nationale de Wilaya	544.91	-	-	
25	Centre Culturel	545.12	-	-	
26	Hôtel	544.04	-	-	
27	Stade	543.33	-	-	

28	S.N.T. V	543.21	-	-	
29	Cité 66 logements	546.00	547.10	+1.10	
30	Station pompage finale (A.E.U)	543.43	545.03	+1.60	
31	Es Salem (à proximité du marché)	544.68	545.98	+1.30	
32		549.95	551.15	+1.20	
33	Arcades (en face jardin)	544.04	544.94	+0.90	
34	Carrefour jardin	544.01	545.31	+1.30	
35	Côté de la route de Djanet	544.47	545.97	+1.50	
36	Sidi Bouslah	545.23	547.38	+2.15	

Source : bureau SEDAT (D'après des enquêtes effectuées sur le terrain)

NB : La surface totale touché est de 179.74 ha qui représente 25 % de la surface totale urbaine.

III.3. Localisation des traces de la dernière crue

Figure III.1 : Cité des 66 logements, la trace du niveau d'eau de l'inondation.

Figure III.2 : Côté de Hai Es-Salaam à proximité du marché

Figure III.3 : la flaque d'eau laissée au milieu de la cour centrale du marché témoignant des eaux de crue

Figure III.4 : le niveau du plan des eaux de la crue et sa fluctuation.

Figure III.5 : Trace laissée lors de la crue, mur de clôture du jardin public

ETUDE HYDROLOGIQUE

Introduction

Actuellement, l'hydrologie est devenue une science importante de l'art de l'ingénieur intéressé à l'exploitation et au contrôle des eaux naturelles.

Des études hydrologiques plus au moins poussées sont indispensables pour toute mise en œuvre de projet hydroélectrique, de distribution d'eau, de protection contre les crues, d'assainissement, de drainage, d'irrigation, de barrage et de navigation fluviale.

Le dimensionnement, la sécurité et la bonne exploitation des ouvrages hydrauliques sont toujours liés à une évaluation saine non seulement des débits disponibles en moyenne mais surtout des débits extrêmes des crues

Plus encore que les facteurs morphologiques, lithologiques et biogéographiques, les conditions climatiques du bassin versant jouent un rôle capital dans le comportement hydrologique des cours d'eau.

Ce sont les précipitations qui constituent le facteur essentiel intervenant par :

- Leur hauteur totale annuelle qui détermine l'abondance fluviale.
- Leur répartition mensuelle et saisonnière qui influence directement les régimes hydrologiques.
- Leurs totaux journaliers et surtout les averses génératrices de crues.

Ces différents aspects des précipitations sont plus ou moins modifiés selon l'effet combiné des autres paramètres physiques et climatiques (températures et évapotranspiration). Mais, contrairement aux paramètres proprement physiques permettent une interprétation seulement qualitative du comportement hydrologique des bassins, les précipitations et les facteurs climatiques dans leur ensemble, variables aléatoires dans le temps et l'espace, permettent d'expliquer quantitativement les variations des composantes du régime hydrologique dans sa conception la plus large.

C'est pourquoi nous consacrerons, à travers ce chapitre, un développement particulier aux précipitations qui sont les plus importantes agissant directement dans l'alimentation pluviale de l'écoulement d'oued ILLIZI.

L'hydrologie saharienne est, à nos jours, mal connu des hydrologues du fait de l'absence de compagnes de mesures et d'études approfondie dans cette région, de l'aridité, et de la complexité des phénomènes qui s'y produisent. Dans cette analyse, nous allons aborder brièvement les différentes caractéristiques hydrologiques du bassin versant de l'Oued ILLIZI, et certains paramètres qui peuvent influencer le cycle naturel de l'eau comme la géologie, mais nous nous attarderons sur l'étude des crues qui est notre point de départ dans l'étude des inondations dans la vallée du ILLIZI.

IV.1 Bassin versant

IV.1.1 Définition

Un bassin versant est un Surface d'alimentation d'un cours d'eau ou d'un lac.

Le bassin se définit comme l'aire de collecte limitée par le contour à l'intérieur duquel se rassemblent les eaux précipitées qui s'écoulent en surface et en souterrain vers une sortie.

Aussi dans un bassin versant, il y a une continuité longitudinale, de l'amont vers l'aval (dans l'ordre ruisseaux, rivières, fleuves), latérale, des crêtes vers le fond de la vallée – verticale, des eaux superficielles vers les eaux souterrains et vice versa. Les limites sont la ligne de partage des eaux superficielles. [6]

IV.1.2 Présentation des bassins de la vallée du ILLIZI :

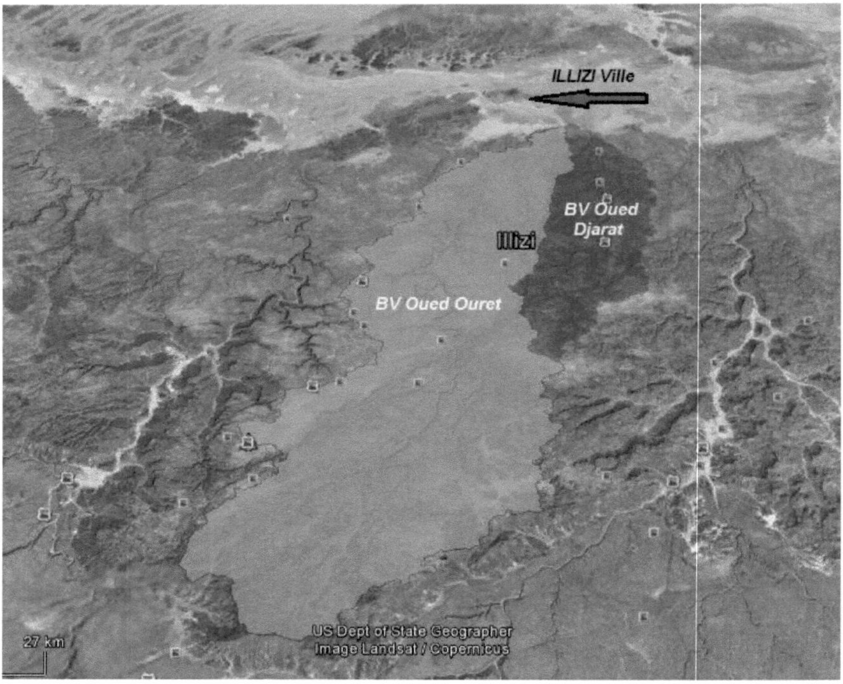

Figure IV.1 : Plan des bassins de la vallée du ILLIZI.

Les caractéristiques physico-géographiques (surface du bassin versant, la forme du bassin, la pente et le réseau de drainage) du bassin versant ont été déterminées sur la base d'une digitale élévation model (DEM) de 30*30 m :

IV.1.3 Caractéristiques géométriques des bassins

A. Superficie

Les surfaces des bassins versants sont déterminées avec logiciel Arc Gis 10.2.2, elles sont déterminées à partir de la surface obtenue de la projection horizontale du territoire délimité par la ligne de partage superficielle. Par Arc Gis et une DEM de 30*30m.

Les surfaces des bassins sont :

Tableau IV.1 : Surfaces des bassins versants.

Bassin versant	**Surface en Km²**
l'oued DJARET	804
l'oued OURET	2731
Surface totale	3535

B. Périmètre

Les périmètres des bassins versants sont obtenus directement à l'aide de logiciel sur la même DEM :

Tableau IV.2 : Périmètres des bassins versants.

Bassin versant	**Périmètre (Km)**
l'oued DJARET	172
l'oued OURET	365

C. Longueur du thalweg principal

La longueur est déduite à l'aide de l'Arc gis sur la même DEM :

Tableau IV.3 : Longueurs des thalwegs principaux.

Bassin versant	**L en (Km)**
l'oued DJARET	95
l'oued OURET	197.7

IV.1.4 Caractéristiques hydro-morphologiques

IV.1.4.1 Indice de compacité de Graveleuse K_G

C'est le rapport du périmètre du bassin sur la circonférence du cercle de rayon **R** ayant la même superficie **S** que le bassin, cet indice exprime la forme du bassin versant, il est en fonction de la surface du bassin et de son périmètre. Son expression est comme suite :

$$K_G = \frac{P}{P_C} = \frac{P}{2\pi R}$$

$$R = \sqrt{\frac{S}{\pi}}$$

$$P_C = 2\pi\, R = 2\pi\sqrt{\frac{S}{\pi}}$$

$$K_G = \frac{P}{2\pi\sqrt{\frac{S}{\pi}}} = \frac{P}{2\sqrt{\pi S}} = 0.28\,\frac{P}{\sqrt{S}}$$

- **P** : périmètre du bassin versant (Km).
- **S** : surface du bassin versant (Km^2).

Si : $K_G = 1$; le bassin versant est ramassé.

$K_G > 1$; le bassin est allongé.

Pour Oued Djarat : $KG = 0,28\frac{172}{\sqrt{804}}$ K_G=1.7

Pour Oued Ouret : $KG = 0,28\frac{365}{\sqrt{2731}}$ K_G=1.95

IV.1.4.2 Coefficient d'allongement

Ce coefficient est obtenu par la relation :

$$Ca = \frac{L^2}{S}$$

- **L :** la longueur du talweg principal en Km.
- **S :** la superficie du bassin versant en Km^2.

Tableau IV.4 : Coefficients d'allongement.

Bassin versant	Ca
L'oued DJARET	11.23
L'oued OURET	14.31

Conclusion : cela signifie que les bassins (l'oued DJARET et l'oued OURET) ont une forme allongée.

IV.1.4.3 Rectangle équivalent

C'est une transformation purement géométrique en un rectangle de dimensions' L' et ' l ' ayant la même surface que le bassin versant. Il permet de comparer les bassins versants entre eux de points de vue de l'écoulement. Les courbes de niveau sont des droites parallèles aux petits côtés du rectangle et l'exutoire est l'un de ces petits cotés.

- Le périmètre et la surface du rectangle sont respectivement :

$P = 2*(L+l)$ et $S = L*l$

- La longueur L et la largeur l en Km sont données par la résolution de P et S :

$$K_C = 0.28 \frac{P}{\sqrt{S}}$$

De (1) et (2) on obtient une équation de 2ème degré admet deux solutions L et l :

$$L = \frac{K_G\sqrt{S}}{1{,}128}\left(1+\sqrt{1-\left(\frac{1{,}128}{K_G}\right)^2}\right)$$

$$l = \frac{KG\sqrt{S}}{1{,}128}\left(1-\sqrt{1-\left(\frac{1{,}128}{K_G}\right)^2}\right)$$

Avec :

- **L :** Longueur du rectangle équivalent en (Km).
- l **:** Largeur du rectangle équivalent en (Km).

D'où :

Tableau IV.5 : Longueurs et largeurs des rectangles équivalents.

Bassin versant	L	l
l'oued DJARET	74.7	10.76
l'oued OURET	164.034	16.65

IV.1.5 Caractéristiques hydrographiques

Figure IV.2 carte représente le réseau hydrographique avec les limites de sous bassin

IV.1.5.1 Paramètres du relief

Le relief et les caractéristiques physiques d'un bassin versant ont une forte influence sur l'hydrogramme de crue. Car une forte pente occasionne un écoulement aussi rapide en un temps de concentration très courte et donc montée plus rapide.

Le relief se détermine au moyen des indices ou des caractéristiques tels que :

- Courbe hypsométrique.
- Altitude moyenne.
- Indice de pente globale I_g.
- Indice de pente roche I_p.

IV.1.5.1.1. Courbe Hypsométrique

Elle fournit une vue synthétique de la pente du bassin, donc du relief. Cette courbe représente la répartition de la surface du bassin versant en fonction de l'altitude.

Les courbes hypsométriques demeurent un outil pratique pour comparer plusieurs bassins entre eux ou les diverses sections d'un seul bassin. Elles peuvent en outre servir à la détermination de la pluie moyenne sur un bassin et donnent des indications quant au comportement hydrologique et hydraulique du bassin et de son système de drainage.

A. Bassin versant Oued Djarat :

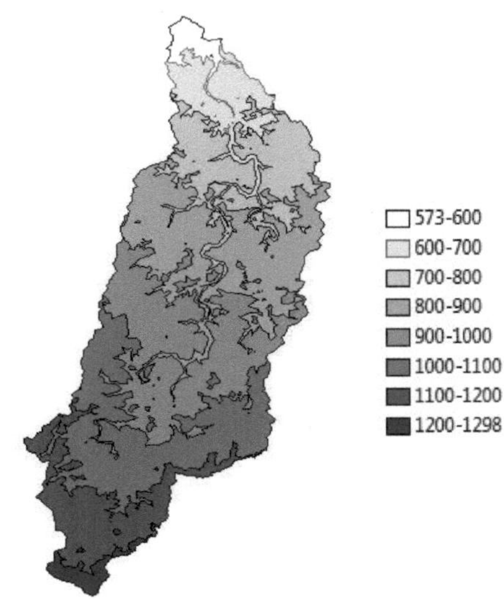

Figure IV.3 la carte hypsométrique de sous BV Djarat

Tableau IV.6 : Répartition des surfaces en fonction des côtes.

Tranche d'altitudes (m)		Surface partielle (Km^2)	Surface partielle (%)	% des surfaces cumulées
572	600	16.4300	2.05	16.43
600	700	58.1300	7.23	74.56
700	800	116.8000	14.53	191.36
800	900	171.5000	21.33	362.86
900	1000	177.4000	22.06	540.26
1000	1100	161.6000	20.09	701.86
1100	1200	87.4200	10.87	789.28
1200	1298	14.7300	1.84	804
	Total	**804**	**100%**	

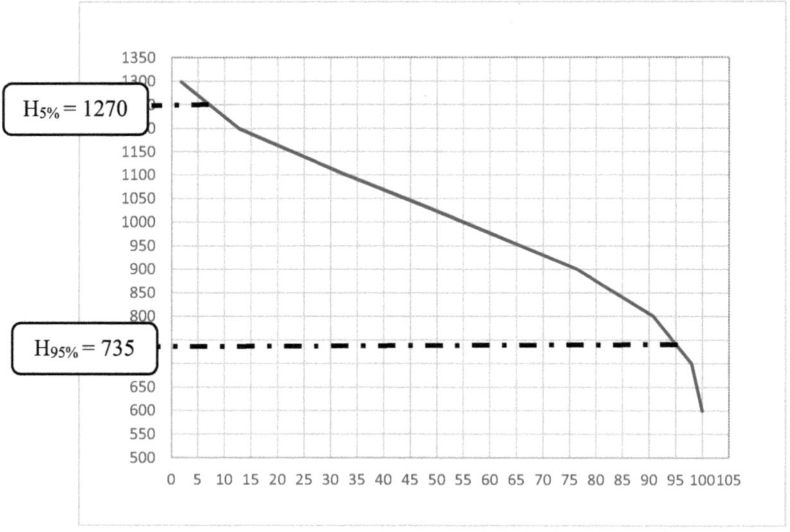

Figure IV.4 : Courbe Hypsométrique de l'oued Djarat

De la courbe hypsométrique on a :

a) Altitude $H_{5\%} = 1270$ m.

Altitude $H_{95\%} = 735$ m.

b) Altitude médiane :

C'est l'ordonnée de la courbe hypsométrique correspondante à la surface 50%. C'est l'altitude médiane. $H_{50\%} = 1025$m.

c) Altitude moyenne

L'altitude moyenne se déduit directement de la courbe hypsométrique ou de la lecture d'une carte topographique. On peut la définir comme suit :

$$H_{moy} = \frac{\sum S_i \cdot H_i}{S}$$

Avec :

- **H_{moy} :** Altitude moyenne du bassin (m).
- **S_i :** Aire comprise entre deux courbes de niveau successifs (km^2).
- **H_i** : Altitude moyenne entre deux courbes de niveau (m).
- **S** : Superficie totale du bassin versant (km^2).

L'altitude moyenne est peu représentative de la réalité. Toutefois, elle est parfois utilisée dans l'évaluation de certains paramètres hydrométéorologiques ou dans la mise en œuvre de modèles hydrologiques.

D'où : Hmoy = 917.82 m

Tableau IV.7 : Détermination des altitudes.

Altitude	Valeur (m)
$H_{moyenne}$	917.82
$H_{médiane}$	1025
$H_{95\%}$	735
$H_{5\%}$	1270
H_{max}	1298
H_{min}	572

B. Bassin versant Oued ouret :

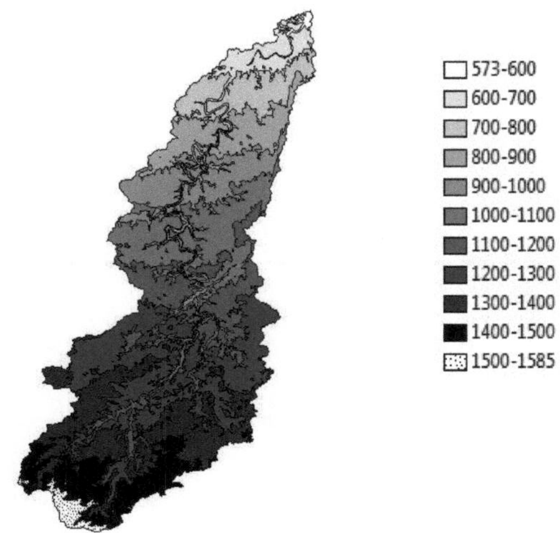

Figure IV.5 la carte hypsométrique de sous BV Ouret

Tableau IV.8 : Répartition des surfaces en fonction des côtes.

Tranche d'altitudes (m)	Surface partielle (Km²)	Surface partielle (%)	% des surfaces cumulées
572-600	13.68	0.50	1.67
600-700	112.73	4.13	10.21
700-800	193.68	7.09	26.51
800-900	219.24	8.03	46.67
900-1000	250.30	9.17	58.09
1000-1100	354.81	12.99	71.09
1100-1200	312.04	11.43	80.25
1200-1300	550.61	20.16	88.28
1300-1400	445.03	16.30	95.37
1400-1500	233.31	8.54	99.50
1500-1585	45.57	1.67	100.00

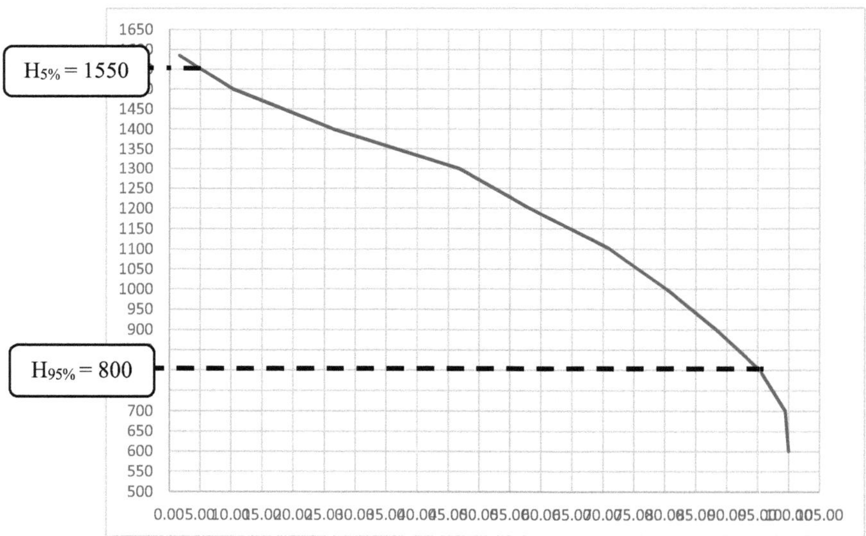

Figure IV.6: Courbe Hypsométrique de l'oued Ouret.

Tableau IV.9 : Détermination des altitudes.

Altitude	Valeur (m)
$H_{moyenne}$	1127
$H_{médiane}$	1275
$H_{95\%}$	800
$H_{5\%}$	1550
H_{max}	1585
H_{min}	572

IV.1.5.1.2 Indices

Le but de ces indices est de caractériser les pentes d'un bassin versant et de permettre des comparaisons et des classifications. Les indices de pente se déterminent à partir de la connaissance de la répartition hypsométrique sur le bassin.

IV.1.5.1.2.1. Indice de pente de Roche I_P

Ip est la somme de la racine carrée des pentes mesurées sur la racing de longueur de rectangle équivalant, et pondérée par les surfaces comprises entre deux courbes de niveau Hi et Hi-1.
il est donné par la formule suivante :

$$Ip = \frac{1}{\sqrt{L}} \cdot \sum_{i}^{n} \sqrt{S_i . d_i}$$

- L : Longueur de rectangle équivalent (Km).
- Si : Surface partielle correspondante (%).
- di :déniveler entre deux courbes de niveau

Tableau IV.10 : Indice de pente de Roche

Bassin versant	Ip (m/Km)
Djarat	20.06
Ouret	24.15

IV.5.1.2.1. Indice de pente globale I_g :

L'indice global de pente évalue le relief. De la courbe hypsométrique, on prend les points tels que la surface supérieure ou inférieure soit égale à 5% de la superficie du bassin. On déduit les altitudes H5% et H95% entre lesquelles s'inscrit 90% de l'aire du bassin.

Il est égal à :

$$I_g = \frac{D}{L}$$

Où :

- **D** : Dénivelée entre $H_{5\%}$ et $H_{95\%}$ (m).
- **L** : la longueur du rectangle équivalent (km).

$D = H_{5\%} - H_{95\%}$

Tableau IV.11 : Indice de pente globale.

Bassin versant	D (m)	Ig (m/km)
Djarat	535	7.16
Ouret	750	4.57

IV.6. Caractéristiques physiographiques

IV.6.1. Densité de drainage Dd

C'est le rapport entre la longueur total de tous les talwegs « L_i »du bassin versant, et la surface « S »Elle reflète la dynamique du bassin, la stabilité du chevelu hydrographique et le type de ruissellement de surface .Elle est exprimée en Km/Km^2.

$$D_d = \frac{\sum_{i=1}^{n} Li}{S}$$

Avec :

- $\sum_{i=1}^{n} Li$: Longueur totale de tous les cours d'eau. (Km).
- **S :** Superficie du bassin versant en km^2.

Tableau IV.12 : Densité de drainage.

Bassin versant	$\sum_{i=1}^{n} Li$ (Km)	S (km)	Dr (Km/Km^2)
Djarat	272.75	804	0.34
Ouret	914	2731	0.33

Il faut signaler que la reproduction du chevelu hydrographique est d'autant plus fidèle que la valeur utiliser dans l'outils « Con » est petite.

IV.6.2. Coefficient de torrentialité

Il est défini comme étant :

$C_t = D_r * F_1$

$F_1 = N1 / S$

Avec :

- **D_r :** Densité de drainage.
- **N_1 :** Nombre des talwegs d'ordre 1.
- **S :** Surface du bassin versant.

Tableau IV.13 : Coefficient de torrentialité

Bassin versant	**N1**	**S (Km²)**	**F1 (1/km²)**	**Ct (Km⁻³)**
Djarat	61	804	0.076	0.026
Ouret	195	2731	0.071	0.024

IV.6.3 : La pente moyenne du cours d'eau principale :

La pente moyenne du cours d'eau détermine la vitesse avec laquelle l'eau se rend à l'exutoire du bassin donc le temps de concentration. Cette variable influence donc sur le débit maximal observé, Une pente abrupte favorise et accélère l'écoulement superficiel, tandis qu'une pente douce ou nulle donne à l'eau le temps de s'infiltrer, entièrement ou en partie, dans le sol.

Le calcul des pentes moyennes et partielles de cours d'eau s'effectue à partir du profil longitudinal du cours d'eau principal et de ses affluents. La méthode la plus fréquemment utilisée pour calculer la pente longitudinale du cours d'eau consiste à diviser la différence d'altitude entre les points extrêmes du profil par la longueur totale du cours d'eau.

$$P_{moy} = \frac{\Delta H}{L}$$

Avec :

P_{moy} : pente moyenne du cours d'eau [m/km] ;

ΔH : dénivellation entre deux points suffisamment distance [m] ;

L : longueur du cours d'eau principal [km].

Les résultats dans le tableau suivant :

Tableau IV.14 : Les pentes moyennes des cours d'eau principales :

Sous basin	**Djarat**	**Ouret**
Hmax – Hmin (m)	1195-575	1420– 575
Longeur de cours d'eau (km)	95	197.7
P moy (‰)	6.5	4.3

IV.6.4 : Le temps de concentration :

Le temps de concentration $\mathbf{t_c}$ des eaux sur un bassin versant se définit comme le maximum de durée nécessaire à une goutte d'eau pour parcourir le chemin hydrologique entre un point du bassin et l'exutoire de ce dernier, Il est composé de trois termes différents :

t_h : Temps d'humectation c'est le temps nécessaire à l'imbibition du sol par l'eau qui tombe avant qu'elle ne ruisselle.

t_r : Temps de ruissellement ou d'écoulement c'est le temps qui correspond à la durée d'écoulement de l'eau à la surface ou dans les premiers horizons de sol jusqu'à un système de collecte (cours d'eau naturel, collecteur).

t_a : Temps d'acheminement c'est le temps mis par l'eau pour se déplacer dans le système de collecte jusqu'à l'exutoire.

Le temps de concentration $\mathbf{t_c}$ est donc égal au maximum de la somme de ces trois termes, soit :

$$\mathbf{T_c = max(\Sigma(T_h + T_r + T_a))}$$

Théoriquement on estime que $\mathbf{t_c}$ est la durée comprise entre la fin de la pluie nette et la fin du ruissellement. Pratiquement le temps de concentration peut être déduit de mesures sur le terrain ou s'estimer à l'aide de formules le plus souvent empiriques.

1.Formule de BOUTOUTAOU Djamal [7] :

$$T_c = 1.7\left(\frac{SL}{\sqrt{I}}\right)^{0.19}$$

Tc : tempe de concentration en heurs

S : Surface du bassin versant en [Km2]

L : longueur du talweg principale en [Km]

I : la pente moyenne de talweg principale en %

2.Formule de GIANDOTTI [8] :

$$T_c = \frac{4 * \sqrt{S} + 1.5 * L}{0.8 * \sqrt{H_{moy} - H_{min}}}$$

Tc : tempe de concentration en heurs

S : Surface du bassin versant en [Km2]

L : longueur du talweg principale en [Km]

H_{moy}, H_{min} : respectivement la hauteur moyenne et minimale du B.V en [m]

Les résultats de la différente méthode dans le tableau suivant :

Tableau IV.15: Les temps de concentration :

Formules	DJARAT	OURET
BOUTOUTAOU	15.62	24.5
GIANDOTTI	17.2	26.82

Pour des raisons de sécurité, on opte à la formule de BOUTOUTAOU parce que cette formule a été posée pour être utilisé dans des études sur des zones similaires à notre zone d'étude.

IV.6.5 : Vitesse moyenne de ruissellement :

Cette vitesse est donnée par la formule :

$$V_R = \frac{L}{T_c}$$

L : Longueur de talweg principal en [Km]

T_c : temps de concentration en [heure].

Les résultats de la vitesse moyenne de ruissellement dans le tableau suivant :

Tableau IV.16 : La vitesse de ruissellement en Km/heure **:**

Sous bassin	Djarat	Ouret
BOUTOUTAO	6	8
GIANDOTTI	5.52	7.37

IV.2 étude pluviométrique

IV.2.1 : Pluies maximales journalières :

Les pluies maximales journalières de rares fréquences sont des pluies génératrices des crues d'importants débits, contre lesquels il faut protéger l'ouvrage.

A cause d'absence des donner pluviométrique de la zone et d'après plusieurs références on à utiliser les cumule mensuel comme des pluies MAX journalier à cause que les jours des précipitations dans les zones arides en générale et dans notre zone spécifiquement sont presque 1 jour par mois à la majorité des mois.

IV.2.2: Paramètres statistiques de l'échantillon :

Les résultats des paramètres statistiques dans le tableau suivant :

Tableau IV.17 : Les paramètres statistiques

Nombre d'observation	13
Minimum	0.9
Maximum	21.8
Moyenne	8.55
Ecart-type	6.17
Médiane	7.9
Coefficient de variation (Cv)	0.72
Coefficient d'asymétrie (Cs)	0.77
Kurtosis coefficient (Ck)	2.34

IV.2.3 : Ajustement des pluies maximales journalières :

L'ajustement des pluies maximales journalières sera traiter par logiciel "Hyfran".

On a effectué l'ajustement de la série des pluies maximales journalières dans notre cas les trois lois suivantes. La loi de Gumbel (doublement exponentielle), La loi normal et Loi Galton (log normale), à l'aide de logiciel Hyfran, avec une comparaison des graphes de régression obtenue par les ajustements.

IV.2.3.1 : Résultats de l'ajustement :

A- Loi de Gumbel :

Cette loi a une fonction de répartition qui s'exprime selon la formule suivante [9] :

$$F(x) = e^{-e^{-y}}$$

Tel que : y = a (x – x0)

1/a :la pente de la droite de GUMBEL

Y : variable réduite de GUMBEL

X : précipitation maximale journalière (mm)

X0 : ordonnée à l'origine en(mm)

On peut écrire : y = - ln (- ln (F (x))

Tableau IV.18 : résultats d'ajustement a la loi de Gumbel :

Période de retour	Fréquence	Valeurs théoriques	écart type	Intervalle de confiance
(ans)	q	(mm)	δ	95 %
1000	0.999	40.1	8.4524	23.524 - 56.664
100	0.99	28.59	5.8529	17.116 - 40.063
50	0.98	25.1	5.0767	15.155 - 35.060
40	0.975	23.98	4.8276	14.518 - 33.446
20	0.95	20.46	4.0568	12.508 - 28.414
10	0.9	16.87	3.2911	10.420 - 23.324
5	0.8	13.13	2.5343	8.1614 - 18.098
3	0.6667	10.15	1.9943	6.2419 - 14.061
2	0.5	7.47	1.6074	4.3264 - 10.629

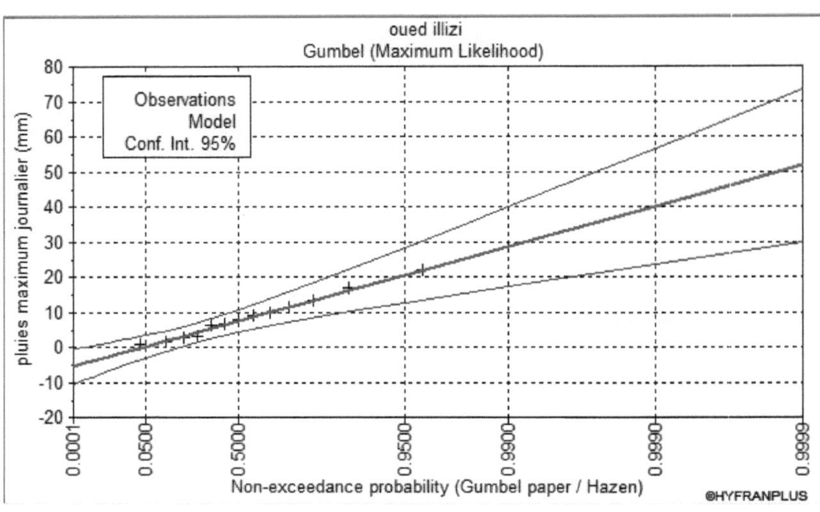

Figure IV.7 : graphe d'ajustement à la loi de Gumbel

Test d'adéquation

Hypothèses :

H0 : L'échantillon provient d'une loi Gumbel

H1: L'échantillon ne provient pas d'une loi Gumbel

Tableau IV.19 : Résultats de test d'adéquation :

Résultats statistiques	$X^2 = 4.31$
La valeur p	p = 0.1160
Marge libre	2
Nombre de classes	5

Conclusion : Nous pouvons accepter H0 au niveau de signification de 5%

B- Loi Normal

C'est la loi normale la mieux connue et la plus étudiée des lois de probabilités usuelles. Elle s'écrit selon la formule suivante [9]:

$$F(X) = \frac{1}{\sigma\sqrt{2\Pi}} \int_{-\infty}^{u} e^{-\frac{1}{2}u^2} du$$

Avec : u = variable central réduite = $\frac{x-\sigma}{\sigma}$

σ : l'écart type de la population

Tableau IV.20 : résultats d'ajustement à la loi Normal :

Période de retour (ans)	Fréquence q	Valeurs théoriques (mm)	écart type δ	Intervalle de confiance 95 %
1000	0.999	27.639	4.2557	19.296 - 35.982
100	0.99	22.923	3.3965	16.264 - 29.581
50	0.98	21.239	3.1046	15.153 - 27.326
40	0.975	20.66	3.0067	14.766 - 26.554
20	0.95	18.714	2.6897	13.441 - 23.987
10	0.9	16.469	2.3546	11.853 - 21.085
5	0.8	13.75	2.0146	9.8008 - 17.700
3	0.6667	11.211	1.7966	7.6891 - 14.733
2	0.5	8.5538	1.7128	5.1962 - 11.912

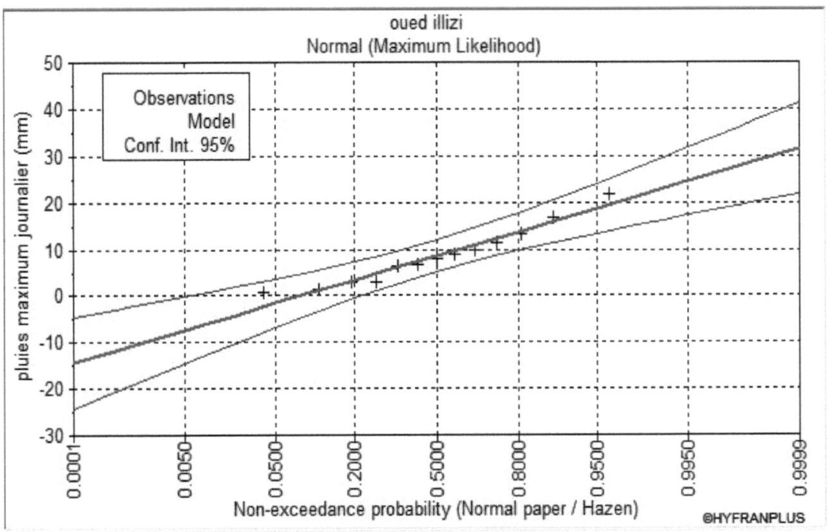

Figure IV.8 : graphe d'ajustement à la loi normal

Test d'adéquation :

Hypotheses

H0 : L'échantillon provient d'une loi Normal

H1 : L'échantillon ne provient pas d'une loi Normal

Tableau IV.21 : Résultats de test d'adéquation :

La valeur p	p = 0.5404
Marge libre	2

Conclusion : Nous pouvons accepter H0 au niveau de signification de 5%

C- Loi log normale :

Le procédé d'ajustement est identique à celui établi pour la loi de Gumbel, seul la représentation graphique change ou elle est faite sur du papier log-normale,

La loi de GALTON a une fonction de répartition qui s'exprime selon la formule suivante [9] :

$$F(X) = \frac{1}{\sigma\sqrt{2\Pi}} \int_{-\infty}^{u} e^{-\frac{1}{2}u^2} du$$

Où : u = variable réduite logarithmique = a Log (x - xo) + b

Tableau IV.22 : résultats d'ajustement à la loi Log Normal :

Période de retour	**Fréquence**	**Valeurs théoriques**	**écart type**	**Intervalle de confiance**
(ans)	**q**	**(mm)**	δ	**95 %**
1000	0.999	118.18	77.901	N/D
100	0.99	56.925	29.947	N/D
50	0.98	43.86	21.091	N/D
40	0.975	40.095	18.637	N/D
20	0.95	29.66	12.357	N/D
10	0.9	20.95	7.6404	5.9720 - 35.928
5	0.8	13.75	4.2904	5.3388 - 22.161
2	0.5	6.1483	1.631	2.9508 - 9.3458

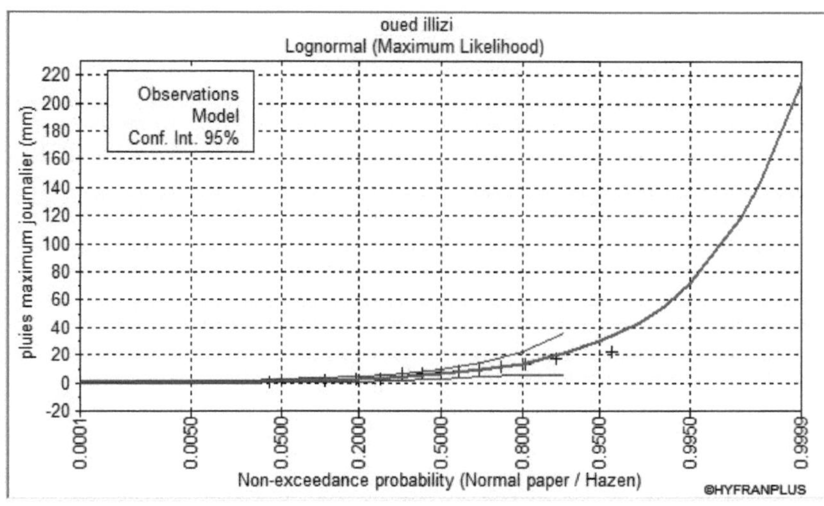

Figure IV.9 : graphe d'ajustement à la loi log normal

Test d'adéquation :

Hypotheses

H0 : L'échantillon provient d'une loi Log Normal

H1 : L'échantillon ne provient pas d'une loi Log Normal

Tableau IV.23 : Résultats de test d'adéquation :

La valeur p	p = 0.2504
Marge libre	2

Conclusion :

Nous pouvons accepter H0 au niveau de signification de 5%

Dans le cas de trois lois sont accepter et pour but de choisir le meilleur choix on va faire une comparaison entre les trois lois.

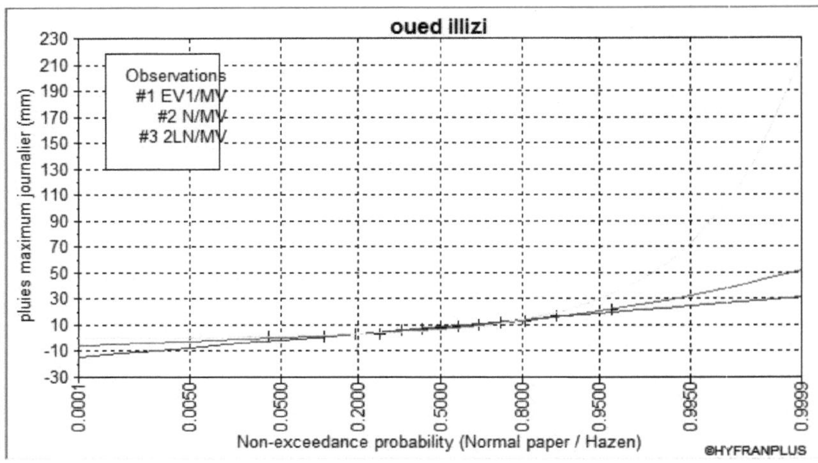

Figure IV.10 : graphe de comparaison entre les trois lois d'ajustement.

Discussion :

D'après l'observation de graphe de comparaison on peut voir que tous les points de série sont bien ajustés sur la droite de Gumbel, on peut voir aussi un mal correspondance dans la première et dernière point et la droite de loi normal, la même chose pour la droite de log normale et le dernier point de série.

Conclusion :

On à prendre les valeurs d'ajustement de loi de Gumbel pour continuer l'évaluation des débite de crue

IV.2.4 : Pluies de courte durée :

- Le passage des pluies journalières maximales aux pluies de courtes durées est effectué au moyen de la formule K. Body (ANRH 1984).

$$P_{ct} = P_{\max j}\left[\frac{t}{24}\right]^{b}$$

Avec :

P ct : pluie de court durées **t :** durée de l'averse

P max j : pluies max journaliers **b :** exposant climatique b = 0.13 selon les études régionales de l'ANRH.

- Les intensités maximales de période t (h) et période de retour T (ans) sont calculées par la relation suivant :

$$I = \frac{P_{ct}(t)}{t}$$

Avec :

I : l'intensité maximale de période t (h).

Tableau IV.24 : Les précipitations et les intensités maximales pour différentes durées

period de retour (ans)	100		40		10		5		2	
T(h)	Pcd	It	Pcd	It	Pcd	It	Pcd	It	Pcd	It
1	18.91	18.91	15.86	15.86	11.16	11.16	8.69	8.69	4.94	4.94
2	20.70	10.35	17.36	8.68	12.21	6.11	9.51	4.75	5.41	2.70
3	21.82	7.27	18.30	6.10	12.87	4.29	10.02	3.34	5.70	1.90
4	22.65	5.66	19.00	4.75	13.36	3.34	10.40	2.60	5.92	1.48
5	23.32	4.66	19.56	3.91	13.76	2.75	10.71	2.14	6.09	1.22
6	23.88	3.98	20.03	3.34	14.09	2.35	10.96	1.83	6.24	1.04
7	24.36	3.48	20.43	2.92	14.37	2.05	11.19	1.60	6.36	0.91
8	24.78	3.10	20.79	2.60	14.62	1.83	11.38	1.42	6.48	0.81
9	25.17	2.80	21.11	2.35	14.85	1.65	11.56	1.28	6.58	0.73
10	25.51	2.55	21.40	2.14	15.06	1.51	11.72	1.17	6.67	0.67
11	25.83	2.35	21.67	1.97	15.24	1.39	11.86	1.08	6.75	0.61
12	26.13	2.18	21.91	1.83	15.42	1.28	12.00	1.00	6.83	0.57
13	26.40	2.03	22.14	1.70	15.58	1.20	12.12	0.93	6.90	0.53
14	26.66	1.90	22.36	1.60	15.73	1.12	12.24	0.87	6.96	0.50
15	26.90	1.79	22.56	1.50	15.87	1.06	12.35	0.82	7.03	0.47
16	27.12	1.70	22.75	1.42	16.00	1.00	12.46	0.78	7.09	0.44
17	27.34	1.61	22.93	1.35	16.13	0.95	12.55	0.74	7.14	0.42
18	27.54	1.53	23.10	1.28	16.25	0.90	12.65	0.70	7.20	0.40
19	27.73	1.46	23.26	1.22	16.37	0.86	12.74	0.67	7.25	0.38
20	27.92	1.40	23.42	1.17	16.47	0.82	12.82	0.64	7.30	0.36
21	28.10	1.34	23.57	1.12	16.58	0.79	12.90	0.61	7.34	0.35
22	28.27	1.28	23.71	1.08	16.68	0.76	12.98	0.59	7.39	0.34
23	28.43	1.24	23.85	1.04	16.78	0.73	13.06	0.57	7.43	0.32
24	28.59	1.19	23.98	1.00	16.87	0.70	13.13	0.55	7.47	0.31

P : Pluies de courte durée (mm)

I : Intensité maximale (mm/h)

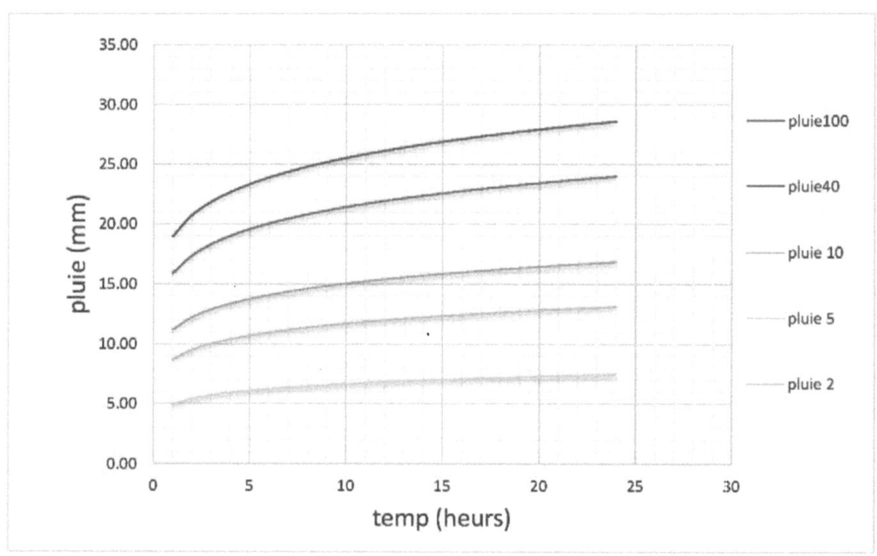

Figure IV.11 : courbes des pluies de courte durée

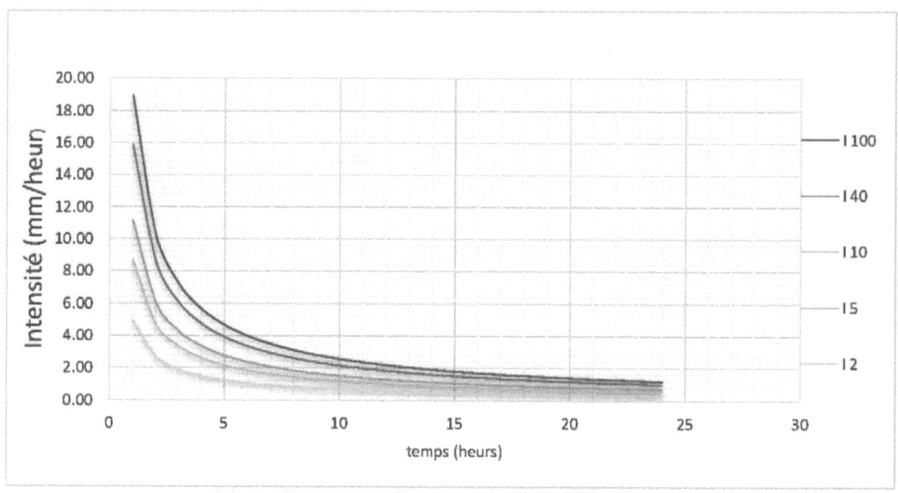

Figure IV.12 : courbes intensité durée fréquence

IV.3: Etude de crues :

IV.3.1 : Différentes méthodes d'évaluation des crues [10] :

Les techniques utilisées pour la détermination des crues dépendent pour une grande part des données disponibles. Presque chaque problème qui se produit est unique, du aux variations des conditions et des données, qui fait que c'est la disponibilité des données plutôt que la nature des problèmes qui conditionnent la procédure. Il n'existe pas encore une unicité de calcul des crues, les méthodes de calcul différent aussi selon le chargé d'études.

Nous rappelons ci-dessous, les différentes méthodes de calcul des crues que chacune d'elles a ses avantages et ses inconvénients.

a) Méthodes historiques :

Etudes des archives, enquêtes auprès des populations et recherches d'anciennes traces des crues (les niveaux atteints par les crues du passé)

b) Méthodes empiriques :

Relations établies entre le débit et la surface du bassin versant, la pluie et la période de retour comme les formules de BOUTOUTAOU, GIONDOTTI, MALLET-GAUTHIER…

c) Courbes enveloppes :

Les pointes de crues maximales observées dans une région de caractéristiques hydrologiques homogènes sont reportées en fonctions de la surface du bassin versant, permettant de tracer une courbe enveloppée (Francu-Rodier, Chaumont…).

d) Méthodes probabilistes :

Analyse des débits afin de déterminer la loi de probabilité à laquelle ils répondent (Gumbel, Galton, Pearson III, Log Pearson III.).

Méthode du Gradex basée sur l'hypothèse que durant des pluies fortes, alors que le sol du bassin approche de la saturation, chaque augmentation de la pluie tend à produire une augmentation du débit. En conséquence, sur un graphique de Gumbel, les droites de répartitions des fréquences des pluies et des débits sont parallèles.

e) Méthodes déterministes :

Modélisent fondamentalement le processus pluie - écoulement du bassin et elles ont pour objectif de déterminer non seulement le débit de pointe mais également l'hydro-gramme correspondant à la crue que celui aussi permet d'estimer le volume de cette crue.

f) Méthode de l'hydro-gramme unitaire :

Basée sur un travail de dépouillement averses – crues (version de Sherman).

Dans notre étude on va utiliser les méthodes empiriques et la méthode historique de traces de crues.

IV.3.2 : Application sur les bassins versants :

IV.3.2.1. Méthode de traces des crues :

Pour déterminer les traces de crues d'oued Illizi on à organiser deux mission :

1er mission :

Le 7 mars 2017 avec une véhicule 4*4 et un guide qui connaitre bien la zone, on a destiné l'exutoire de les deux bassin versant pour trouver des traces corresponde à un débit maximal.

La géométrie plate de la zone et l'absence des berges (limites de lit majeur) difficulté le travaille alors on a décidé d'entrer plus loin dans oued Djarat mais aussi on n'a pas trouvé des traces claires à cause de la largeur vaste de cours d'eau principales, même si on a trouvé des traces dans le côté gauche mais le côté droite et très éloigné pour détectes les traces, les seules traces détectées sont des arbres qui indique que l'eau y est arrivée.

Aussi la nature de terrain de cours d'eau atteint de la tâche de prendre un levier topographie difficile (présence des arbres au milieu de section + une géométrie complexe).

2em mission :

Le 10 mars 2017 avec une véhicule 4*4 et un technicien de topographie + chauffeur

J'ai décidé de marcher dans le lite d'oued Illizi pour chercher des traces de crue.

Le démarrage de cité INLKOURS directement vers le lit d'oued d'Illizi, les mêmes obstacles sont trouver dans le lit d'oued (terrain plat, absence des berges dans les deux côtés)

On a détecté quelle que trace au côté gauche dans le point β de cordonnes suivant :

456477.20 m E et 2928727.65 m N la zone 32 R sous la projection UTM

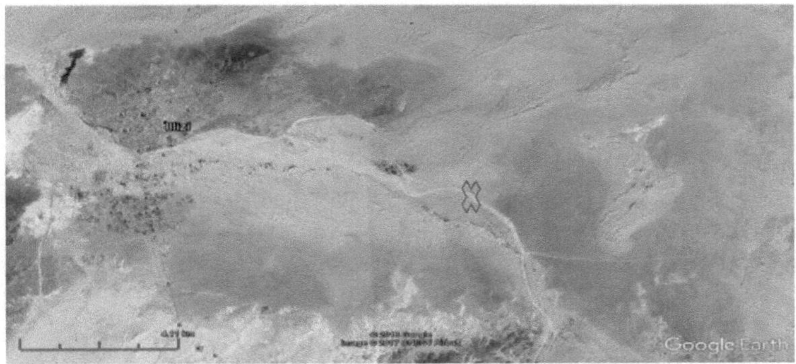

Figure IV.13 : localisation de point β par rapporte de la ville de ILLIZI

Figure IV.14 : Oued ILLIZI point β trace de crue détecté « cote gauche »

Figure IV.15 : Oued ILLIZI point β trace de crue détecté « cotés gauche »

Figure IV.16 : Oued ILLIZI point β l'absence des traces au cotés droite

Figure IV.17 : Oued ILLIZI point β l'absence des traces au cotés droite

Figure IV.18 : Oued ILLIZI point β l'absence des traces au cotés droite

Conclusion :

D'après les deux missions on n'est pas être capable d'utiliser la méthode de traces des crues pour évaluer les débite.

IV.3.2.2. Méthodes empiriques :

Partant des données morphologiques et pluviométriques existantes, une évaluation des débits de pointes des crues sera faite à partir de formule empirique de professeur BOUTOUTAOU Djamel.

Cette relation ci celle qui traite au mieux les sous bassins d'Algérie et avec défirent paramétré selon les condition climatiques et caractéristique morphologique.

En plus, en va faire une autre évaluation à partir de formule empirique de GIANDOTTI pour la comparaison.

*** Formule de BOUTOUTAOU Djamel [7] :**

Dans leur étude sur les problèmes de l'eau en Algérie, il est établi une formule exprimant le débit maximum en crue en fonction des précipitations, de la surface du bassin versant et des caractéristiques géographique et climatique du bassin versant.

$$Q_{pt} = \frac{16.7\left(A+B*log(T)\right)*at*\lambda*S}{(Tc+1)^n}$$

Qpt : le débite de point corresponde à une période de retour « t »

A, B : paramètres géographique caractérisant l'intensité maximale pluviales annuelles A

et sa variation interannuelles B.

T : période de retour.

at : coefficient de ruissellement

Tc : temps de concentration (min)

n : coefficient de réduction de la pluie en fonction de croissance de sa durée

λ : coefficient de réduction de débit empiriquement

S : surface de sous bassin versant (Km)

- **Détermination des valeurs de : A, B et n**

Tableau IV.25. Extrait de tableau des valeurs des coefficients A, B et n. [7]

BV Zones aride	Coefficient	Pluies moyennes annuelles $\bar{P}$ mm		
		$\bar{P} \leq 150$	$150 < \bar{P} < 400$	$\bar{P} \geq 400$
06	A	-	3.00	3.50
	B	-	5.36	2.70
	N	-	0.77	0.67
13	A	1.00	3.50	-
	B	12.38	6.62	-
	N	0.73	0.75	-

- **Calcule de « at » [7]:**

$$at = 1 - \exp(-\frac{Pmax\ jt}{P0})$$

Pmax jt: pluie maximal journalier en mm de période de retour T

P0 : pertes maximales possibles en mm (infiltration, rétention dans les déprissions et évaporation)

Tableau IV.26 : valeurs de paramètre P0 (BOUTOUTAOU Djamel 2008) [7]

BV	01-02-11-04-09	05-07-06-08	12-14-10-03-15	16	13
P0	100	90	120	115	60

Calcule de coefficient de réduction e débit λ

Le coefficient $\boldsymbol{\lambda}$ déterminer par la relation empirique suivante [7] :

$$\begin{cases} \text{Si } S > 600 \text{ km} & \lambda = \dfrac{9.4}{(S+1)^{0.39}} \\ \text{Si } S \leq 600 \text{ km} & \lambda = 1 \end{cases}$$

Les résultats sont présentés dans le tableau suivant

Tableau IV.27 : les résultats de détermination de défirent paramètre

Paramètre Sous BV	A	B	a_t	λ	P_0	tc	n
Djarat	1	12.38	0.29	0.69	60	937.37	0.73
Ouret	1	12.38	0.29	0.43	60	1470.22	0.73

Les Qp pour défirent périodes de retour sont présenter dans le tableau suivant :

Tableau IV.28 : les débits de point « Qp » pour défirent périodes de retour

Période de retour	Débit de point Qp (m^3/s)		
	Oued Djarat	Oued Ouret	Total
2	28	42	70
5	107	162	269
10	190	290	480
40	410	623	1033
100	590	900	1490

*** Formule de Giandotti :**

Le débit maximum probable est donné par la formule suivante [8] :

$$Q\max t = \frac{C.S.P_{tc(T)}\sqrt{h_{moy}-h_{\min}}}{4\sqrt{S}+1{,}5L}$$

S : Surface du bassin versant (Km²)

L : Longueur du talweg principale (Km)

h_{moy} : Altitude moyenne en (m)

h_{min} : Altitude minimale (m)

Ptc(T) : pluie de durée tc et de période de retour T (m)

C : coefficient topographique variant entre 66 et 166.

En absence des documents pour déterminer les valeurs de C on va prendre la valeur maximale 166

Tableau IV.29 : les débits de point « Qp » pour défirent périodes de retour

Période de retour	Débit de point Qp (m³/s)		
	Oued Djarat	Oued Ouret	Total
2	69.38	160.1	229.47
5	121.94	281.5	403.35
10	156.67	361.6	518.24
40	222	514	736.65
100	265.52	612.75	878.27

*** Formule de Mallet – Gauthier [11] :**

Dans leur étude sur les problèmes de l'eau en Algérie, ils ont établi une formule exprimant le débit maximum en crue en fonction des précipitations, de la surface du bassin versant et d'un coefficient K caractéristiques géographique et climatique du bassin versant.

$$Q_{\max,p\%} = 2K.\log(1+20H)\frac{S}{\sqrt{L}}\sqrt{1+4\log T - \log s}$$

K : constante comprise entre 1-3 on prendre (2)

$\overline{H}$ **:** Précipitation moyenne interannuelle en m

S : Surface du bassin versant en Km²

L : Longueur du talweg principale en Km

T : Période de retour

Tableau IV.30 : les débits de point « Qp » pour défirent périodes de retour

Période de retour	Débit de point Qp (m³/s)		
	Oued Djarat	Oued Ouret	Total
2	-	-	-
5	32.54	48.68	81.22
10	50	101.51	151.51
40	73.16	161.79	234.95
100	85.11	191.48	276.59

Tableau IV.31 : comparaison entre les résultats des trois formules

Période de retour	Débit de point Qp (m³/s)		
	BOUTOUTAOU	Giandotti	Maillet-Gauthier
2	70	229.47	-
5	269	403.35	81.22
10	480	518.24	151.51
40	1033	736.65	234.95
100	1490	878.27	276.59

Discussion :

On peut voir que les valeurs de la formule Maillet-Gauthier ne sont pas proche aux autres valeurs, alors on éliminer leurs résultats.

Entre les deux autres méthodes on peut choisir les résultats de formule de BOUTOUTAOU à cause des erreurs de coefficient topographique de formule Giandotti et la précision des coefficients de formule BOUTOUTAOU selon les déférents zone et climats de l'ALGERIE.

Aussi pour des raisons curatives ces mieux d'éviter la sous-estimation pour une bonne protection.

Conclusion :

Les valeurs plus acceptables sont les valeurs de la formule de BOUTOUTAOU Djamel.

IV.3.3 : Hydrogrammes des crues :

Les Hydrogrammes de crues pour diverses fréquences sont évalués par la méthode de BOUTOUTAOU qui assimile l'hydrogramme à l'équations suivante [7] :

$$Q(t) \begin{cases} 0 & \text{pour } t = 0 \\ Qp\,\left(\frac{t}{tp}\right)^{-0.1} \exp\left(-\frac{1}{2}\left(\frac{ln\left(\frac{t}{tp}\right)}{k}\right)^{2}\right) & \text{Pour } t > 0 \end{cases}$$

Qp : le débit de point (m³/s)

tp : temp de monté (min)

K : paramètre de forme de l'hydrogramme de crue

$K = 0.0102(S+1)^{0.4} + 0.20$

Les débits de crues des différentes périodes de retour de chaque bassin versant sont donnés aux tableaux suivants et les Hydrogrammes correspondants.

Tableau IV.32 : Hydrogrammes des crues de différents périodes de retour « Oued DJARAT »

T (min)	Hydrogrammes des crues de différents périodes de retour « oued Djarat » Qt (m^3/s)				
	2 ans	5 ans	10 ans	40 ans	100 ans
0	0	0	0	0	0
636	19.63	76.72	136.94	294.33	423.02
1272	21.10	82.45	147.18	316.33	454.64
1908	7.33	28.63	51.11	109.85	157.87
2544	2.11	8.26	14.75	31.70	45.56
3180	0.61	2.38	4.24	9.12	13.11
3816	0.18	0.72	1.28	2.75	3.95
4452	0.06	0.23	0.41	0.88	1.26
5088	0.02	0.08	0.14	0.30	0.43
5724	0.01	0.03	0.05	0.11	0.15

Tableau IV.33 : Hydrogrammes des crues de différents périodes de retour « Oued OURET »

T (min)	Hydrogrammes des crues de différents périodes de retour « oued OURET » Qt (m^3/s)				
	2 ans	5 ans	10 ans	40 ans	100 ans
0	0	0	0	0	0
636	8.07	31.11	55.69	119.73	172.07
1272	40.46	156.07	279.38	600.60	863.19
1908	34.60	133.46	238.91	513.60	738.14
2544	18.92	73.00	130.67	280.91	403.73
3180	8.94	34.50	61.76	132.76	190.81
3816	4.04	15.58	27.89	59.96	86.17
4452	1.81	7.00	12.53	26.94	38.71
5088	0.83	3.18	5.70	12.25	17.61
5724	0.38	1.48	2.64	5.68	8.17
6360	0.18	0.70	1.25	2.70	3.88
6996	0.09	0.34	0.61	1.31	1.88
7632	0.04	0.17	0.30	0.65	0.94
8268	0.02	0.09	0.15	0.33	0.48
8904	0.01	0.04	0.08	0.17	0.25

Tableau IV.34 : Hydrogrammes des crues de différents périodes de retour « Oued OURET+ DJARAT »

T (min)	Hydrogrammes des crues de différents périodes de retour « Oued DJARAT + Oued OURET Qt (m³/s)				
	2 ans	5 ans	10 ans	40 ans	100 ans
0	0.00	0.00	0.00	0.00	0.00
636	27.70	107.83	192.63	414.06	595.09
1272	61.56	238.52	426.56	916.93	1317.83
1908	41.93	162.09	290.02	623.45	896.01
2544	21.03	81.26	145.42	312.61	449.29
3180	9.55	36.88	66.00	141.88	203.92
3816	4.22	16.30	29.17	62.71	90.12
4452	1.87	7.23	12.94	27.82	39.97
5088	0.85	3.26	5.84	12.55	18.04
5724	0.39	1.51	2.69	5.79	8.32
6360	0.18	0.71	1.27	2.74	3.94
6996	0.09	0.34	0.62	1.33	1.90

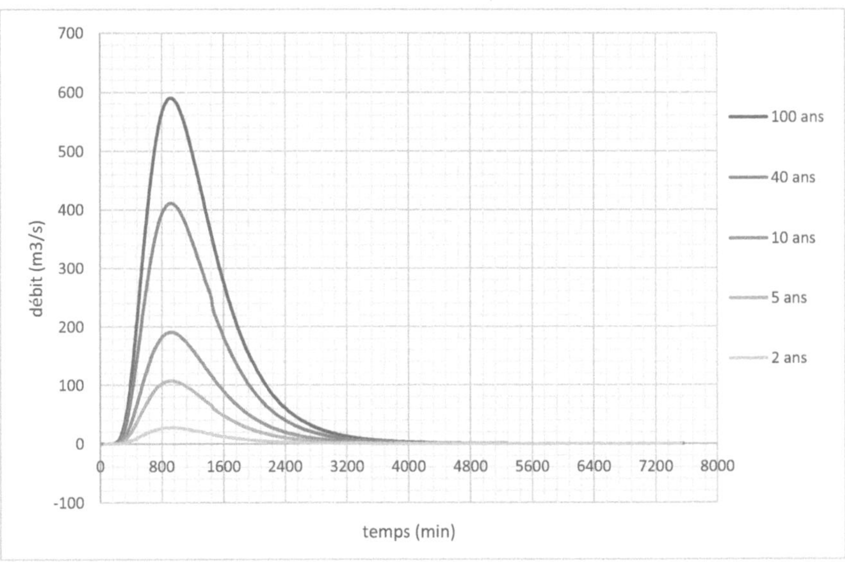

Figure IV.19 : Hydrogrammes des crues de différents périodes de retour « Oued DJARAT »

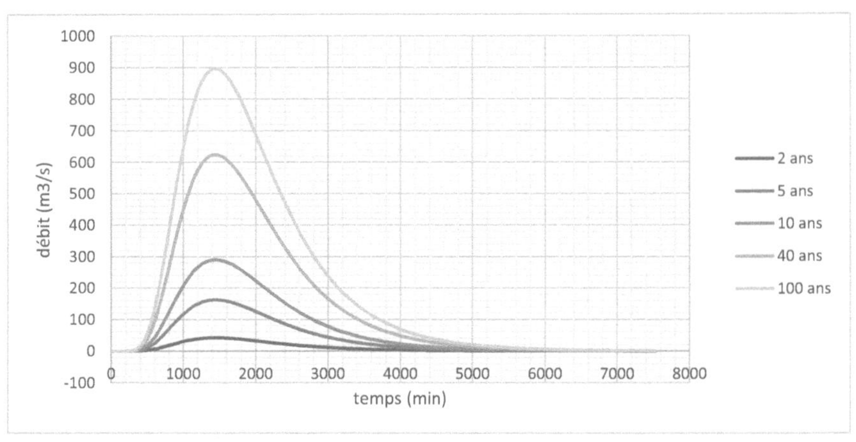

Figure IV.20 : Hydrogrammes des crues de différents périodes de retour « Oued OURET »

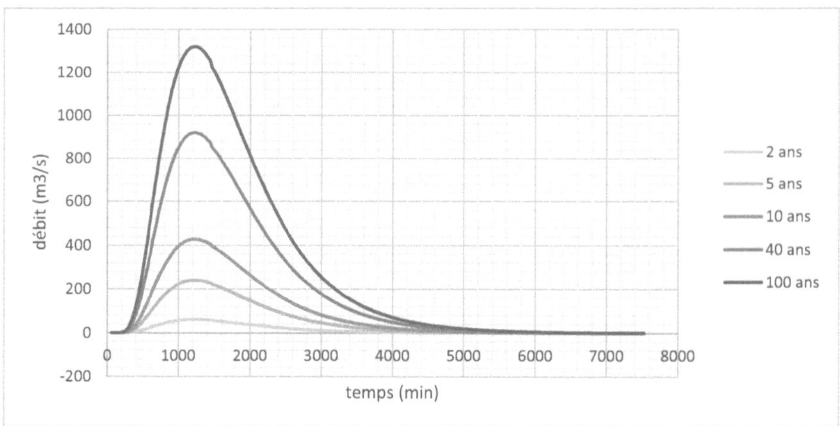

Figure IV.21 : Hydrogrammes de cumule des crues de différents périodes de retour

Conclusion :

Les hydrogrammes des crues établis permettent de voir l'évolution des crues dans le temps. Finalement, une évaluation plus ou moins variée a permis de fixer les valeurs des crues qui traversant la ville de ILLIZI ont permis de dimensionner les ouvrages proposés pour protéger contre les inondations de cette ville.

IV.3.4. ESTIMATION DU DEBIT SOLIDE PAR CHARRIAGE :

C'est le mode de transport de sédiment où les particules roulent, glissent ou sautent (brièvement) mais restent très proche du fond).

Pour réduire le risque de dégradation de tous les ouvrages de dérivation sous l'effet des infiltrations c'est-à-dire déstabilisation des ouvrages par le phénomène de renard mécanique, l'affouillement par contact avec l'eau ou bien par l'écoulement naturel du cours d'eau, ou dans les cas exceptionnels (cas de crue)

Pour l'estimation du débit solide par charriage, on utilise la formule de charriage de SCHOKLITSCH est donnée par la relation :

$$q_{sb} = \frac{2.5}{s_s} j_e^{3/2} (q - q_{cr})$$

q_s : débit solide unitaire (m²/s)

S_s : densité des particule (t/m³)

j_e : pente de fond

q : débit liquide unitaire (m²/s)

q_c : débit liquide critique unitaire (m²/s)

Le débit liquide critique se calcule par

$$q_{cr} = 0.26(s_s - 1)^{5/3} d^{3/2} j_e^{-7/6}$$

En absence des donnés de granulométrie de la zone, on à contacter avec le bureau d'étude S.E.D.A.T pour quelle que donner, et on à trouver que 40% de diamètres pour un mélange granulométrique non uniforme d_{40} = 0.0062 (m) ; la densité des particules solides est S_s = 1.8 t/m³ pour une section bien déterminée de largeur B = 225 m et une pente = 0.0011

Tableau IV.35 : résultats de calcule de transport solide.

T (ans)	Q liquid (m³/s)	Ss (T/m³)	j	q (m²/s)	qc (m²/s)	B (m)	d40 (m)	qs (m²/s)	Qs(m³/s)
10	384.57	1.8	0.0011	1.71	0.24	225	0.0062	7.7631E-05	0.02
40	828			3.68				0.00018	0.04
100	1189.2			5.29				0.00026	0.06

Ces résultats nous permettent de vérifier la stabilité et la résistance des ouvrages à édifier éventuellement.

Modélisation hydrodynamique

V.1 Introduction

Un modèle mathématique est une schématisation de la réalité permettant le calcul des grandeurs intéressant l'ingénieur (pression, ligne d'eau,...etc.).Les divers éléments constitutifs d'un modèle mathématique sont les suivants :

1. Un domaine de l'espace où l'on va calculer les caractéristiques des écoulements et une représentation de la topographie des fonds.
2. Un système d'équations à résoudre dans ce domaine, accompagné de conditions aux limites qui représentent l'interaction entre domaine modélisé et extérieur de ce domaine (amont, aval).
3. Pour un écoulement transitoire, il faut préciser l'intervalle de temps du calcul et ajouter des conditions initiales, c'est-à-dire la valeur des inconnues au début de l'intervalle de temps.
4. Une discrétisation et une méthode de résolution.

Par définition le terme discrétisation consiste d'abord à diviser le domaine en mailles. En modèle 1D, les mailles sont des segments, en modèle 2D, des triangles ou quadrilatères pouvant être disposés ou non régulièrement, en modèle 3D, des prismes, tétraèdres ou parallélépipèdes.

Les extrémités des segments et sommets des polygones ou polyèdres sont les nœuds du maillage. De même, le temps est divisé, pour les calculs transitoires, en pas de temps de quelques secondes à quelques heures selon le type de calcul. Le nombre des mailles et des nœuds conditionne directement, d'une part, le temps et l'espace mémoire requis pour le calcul sur ordinateur mais, d'autre part, la précision des résultats. Ce nombre peut aller de quelques dizaines à plusieurs milliers.

De même, les équations aux dérivées partielles sont discrétisées, c'est-à-dire approchées par des équations algébriques ayant pour inconnues les valeurs des fonctions à calculer aux nœuds du maillage. Plusieurs méthodes de discrétisation existent (différences finies, volumes finis, éléments finis).

Enfin, un algorithme de calcul, programmée sur ordinateur, résout ces équations algébriques, fournissant ainsi les résultats escomptés.

V.2. Modélisation Hydrodynamique

V.2.1. Problématique

La modélisation hydraulique consiste à simuler les écoulements d'un cours d'eau. Il existe principalement deux types de modélisation hydraulique : la modélisation en mode 1D et 2D.

La modélisation en mode 1D, comme son nom l'indique considère des écoulements ayant une seule direction (unidirectionnels). Les modélisations en mode 1D sont couramment utilisées et sont adaptées pour les cours d'eau ayant un sens d'écoulement privilégié. Dans le cas où le cours d'eau dispose d'écoulements latéraux secondaires, il est possible de modéliser ce type d'écoulement en maillant le modèle 1D.

Un modèle 1D maillé permet donc de simuler des écoulements multiples certes mais toujours unidirectionnels.

La modélisation en deux dimensions 2D est capable de considérer des écoulements multidirectionnels. Ce type d'écoulement est plutôt observé dans les rivières de plaine lorsque la pente des cours d'eau est faible. Les rivières sont alors caractérisées par un lit majeur très large et un réseau hydrographique complexe ce qui entraîne des écoulements multidirectionnels en période de hautes eaux.

Oued ILLIZI est présente ce type de caractéristiques. L'emploi de la modélisation en mode 2D pour construire un modèle de ce secteur est donc parfaitement cohérent et justifié, sans pour autant que l'on puisse préjuger du gain de la qualité que permettrait un tel modèle par rapport à un modèle 1D maillé.

Il existe des codes de calculs permettant de construire un troisième type de modèle qui couple des modèles 1D avec des modèles 2D. Dans ce type de modèle, le lit mineur des rivières est défini par un modèle 1D et le lit majeur est modélisé par un modèle 2D.

- Le couplage est pas intéressant dans le cadre de notre étude.

Néanmoins, il est évident de signaler que la modélisation en mode 2D demande plus de temps et de technicité autant d'un point de vue de la construction du modèle que de la simulation hydraulique.

Il est donc naturel de se demander si une modélisation en mode 1D ne suffit pas pour établir des cartes d'inondation même dans des zones ou la modélisation en mode 2D serait plus apte à simuler les phénomènes. Autrement dit, la modélisation en mode 2D est-elle rentable d'un point de vue de la précision des résultats par rapport au temps et à l'argent dépensé pour modéliser un tronçon.

En parallèle, les différentes comparaisons permettront également de déterminer quel est le modèle hydraulique le plus adapté pour modéliser le secteur d'Oued ILLIZI.

V.2.2. Topographie de la rivière

Dans les modèles hydrauliques, la topographie de l'oued est décrite différemment selon le type de logiciel utilisé. Dans les modèles 1D, ce sont des profils en travers qui définissent la topographie de l'oued alors que les logiciels de modélisation en mode 2D utilisent des maillages placer sur une model numérique de terrain (MNT, DEM).

V.2.2.1. En mode unidimensionnel (1D)

Dans un modèle 1D, la topographie de l'oued est définie par des profils en travers qui, dans le cadre d'une modélisation hydraulique doivent respecter six règles simples.

- Etre perpendiculaires aux écoulements.
- Ne jamais se croiser.
- Considérer toute la largeur du lit majeur.
- Décrire le profil en long.
- Permettre la modélisation des ouvrages hydrauliques.
- Prendre en compte les contractions et les élargissements des écoulements

La construction d'un modèle 1D demande à l'utilisateur une bonne connaissance du terrain et des écoulements.

Les données topographiques nécessaires à la construction des profils en travers peuvent être obtenues par des levés sur le terrain ou à partir d'un MNT.

Une fois les profils en travers entrés dans le logiciel de modélisation, des retouches éventuelles peuvent être établies par l'utilisateur pour améliorer la précision des profils en travers.

La précision de la topographie dans un modèle 1D dépend donc du nombre de profils en travers, de la distance séparant chaque point sur la largeur des profils en travers mais également de la distance séparant les profils.

D'une manière générale, les profils en travers permettent de définir le lit mineur des cours d'eau de façon très précise. Mais en ce qui concerne le lit majeur, la définition de la topographie est beaucoup moins efficace puisque le positionnement des profils en travers ainsi que les interpolations entre les profils ne permettent pas de prendre en compte toutes les aspérités du relief.

V.2.2.2. En mode bidimensionnel (2D)

Dans un modèle 2D, la topographie de la rivière est définie par un réseau de mailles. A partir des données topographiques initiales et de calculs statistiques, une altitude est associée à chaque maille (ou nœud). Finalement, les mailles, accolées les unes aux autres, forment ainsi un maillage qui présente une altitude en tout point de la zone étudiée. Ces maillages peuvent ainsi représenter la topographie des cours d'eau.

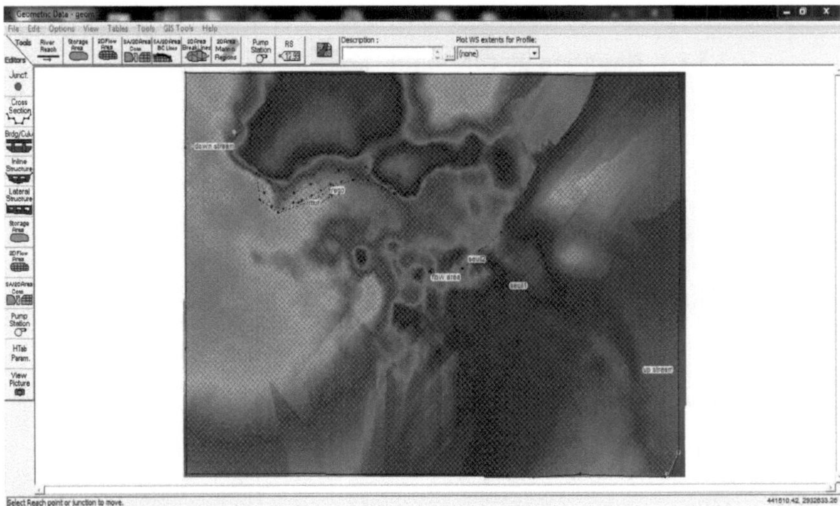

Figure V.1 : Exemple de maillage rectangulaire régulier.

V.2.3. Modèles Hydrodynamiques

Le modèle le plus complexe s'appuie sur les équations de *Navier-Stokes* à trois dimensions (les trois coordonnées spatiales), où les inconnues sont la pression, les trois composantes de la vitesse et la cote de la surface libre. Dans l'ordre de complexité décroissante viennent les modèles bidimensionnels, où l'on s'affranchit des variations des grandeurs selon la coordonnée verticale (modèles dits bidimensionnels horizontaux), et monodimensionnels qui supposent, de plus, ces grandeurs peu variables dans chaque section perpendiculaire à l'axe de l'écoulement.

V.2.3.1. Modèles monodimensionnels

Dans le cas filaire, on suppose un écoulement bien « canalisé », c'est-à-dire organisé par rapport à une direction préférentielle que l'on nomme « axe de l'écoulement ». L'homogénéité des grandeurs dans une section normale à l'écoulement suppose :

- Une faible variation de la vitesse dans la section.

- Une surface libre horizontale.

Ces conditions ne sont réunies qu'en l'absence de singularités, pour une géométrie graduellement variée, où les filets fluides ont une faible courbure.

Alors, on peut admettre que la pression est hydrostatique et la quantité ***p*** est constante dans la section, donc égale à sa valeur à la surface libre

$$p^* = p + p.g.z$$

On peut établir, à l'aide de ces hypothèses, les équations de *Saint-Venant* en 1D [12]:

V.2.3.1.1. Equation de continuité

$$\beta.\partial x.\partial y + \partial x.\partial y = ql$$

V.2.3.1.2. Equation de quantité de mouvement

$$\frac{\partial Q}{\partial t} + \frac{\partial}{\partial x}.(\beta QU) + gS.\left(\frac{\partial Z}{\partial x} + J\right) = \varphi_l$$

- ***Q*** : débit liquide (m^3/s).
- ***ql*** : débit liquide latéral par unité de longueur de rivière (m3/s/m).

Le coefficient **β**, encore appelé coefficient de *BOUSSINESQ*, a pour expression exacte :

$$.\beta = \frac{\int_S U^2.dS}{U^2 S}$$

Il prend en compte l'inhomogénéité (faible) de la vitesse dans la section et l'on constate expérimentalement qu'il est peu différent de 1 pour une section de forme simple dans un lit unique.

- **φl** : Terme d'apport latéral de quantité de mouvement par unité de longueur de rivière.

Les termes ***ql*** et **φl** doivent être pris en compte dans le cas d'un débordement par-dessus la berge par exemple. Quant au coefficient de perte de charge **J**, on le relie aux grandeurs moyennes par la loi expérimentale de *Strickler :*

$$J = \frac{Q^2}{K^2 S^2 R_h^{4/3}} = \frac{Q^2}{D^2}$$

Avec :

$$D = K^2 S^2 R_h^{2/3}$$

- ***D*** : Débitance.
- ***R_h*** **:** Rayon hydraulique, défini par le rapport de la surface mouillée au périmètre mouillé qui, dans le cas d'un écoulement filaire, peut être approximé par ***h*.**
- ***S*** **:** Section mouillée.

V.2.3.1.3. Ecoulements en lit compose

La section transversale du lit d'une rivière en crue peut comporter des parties de caractéristiques différentes (tirant d'eau, rugosité). Le lit mineur correspond à la partie de la vallée la plus fréquemment mouillée et donc la plus lisse ; sa rugosité est en général homogène sur de longs biefs. Par contre, le lit majeur, occupé quelques jours seulement par an, est plus hétérogène. Sa rugosité est plus importante, car il est encombré de végétation et de constructions.

On distingue donc les débits du lit mineur Q_m et du lit majeur Q_M et, plus généralement, pour une section composite, les débits des écoulements élémentaires Q_i (avec i = 1, 2, ..., n), le coefficient β devient :

$$\beta = \frac{\sum_i \beta_i \frac{Q_i^2}{S_i}}{\frac{Q^2}{S}}$$

Et le terme de perte de charge :

$$J = \frac{Q^2}{D_e^2}$$

Avec

$$D_e^2 = \frac{Q^2 S}{\sum_i \frac{Q_i^2 S_i}{D_i^2}}$$

- ***D_e*** **:** Débitance équivalente du lit composé.

Le système n'est fermé que si la répartition des débits Q_i est connue.

V.2.3.1.4. Singularité

On peut rarement considérer le cours d'une rivière comme justiciable de la modélisation de Saint-Venant sur de longs biefs : de nombreuses singularités se présentent, soit à cause de variations naturelles brusques de géométrie, soit à cause de la présence d'ouvrages implantés dans le lit. On trouve ainsi des seuils, des élargissements brusques, des confluents avec d'autres cours d'eau, des ponts, des barrages, des canaux de dérivation, etc.

La modélisation de ces singularités renonce à la description fine de l'écoulement au voisinage de la zone singulière et consiste à écrire des relations de transfert entre l'amont et l'aval de la zone : une relation de continuité et une relation dynamique qui lient les inconnues amont Q_1, Z_1 et aval Q_2, Z_2.

En général, on néglige les effets non permanents, ce qui est justifié si la zone singulière est de faible longueur vis-à-vis de la longueur totale du domaine de calcul, le temps de propagation entre les limites de la zone pouvant, dans ce cas, être considéré comme nul. L'équation de continuité se réduit donc, s'il n'y a pas apport de débit, à l'égalité : $Q_1 = Q_2$
Quant à l'équation dynamique, elle est empirique et fait intervenir des coefficients calés sur l'expérience. On évite ainsi le calcul fin de l'écoulement, en général à caractère tridimensionnel très marqué, et notamment le calcul explicite d'éventuels ressauts hydrauliques.

Ces relations dépendent du type de singularité considérée : l'effet dynamique d'un élargissement brusque, d'un obstacle dans le lit, ou d'un confluent, est traduit par une perte de charge singulière, celui d'un seuil par une loi de débit dépendante de la cote aval si le seuil est noyé, et indépendante sinon.

Le modèle monodimensionnel peut aussi traiter le passage en charge qui se produit, par exemple, dans le cas de l'écoulement sous un pont, à fort débit, lorsque la cote de la surface libre atteint le niveau du tablier.

V.2.3.2. Modèles bidimensionnels horizontaux

Les hypothèses essentielles conditionnant l'emploi de ces modèles sont :

- L'homogénéité des vitesses selon la verticale.
- La répartition hydrostatique de la pression découlant de la faiblesse de l'accélération verticale vis-à-vis de la gravité.

Dans ces conditions, la pression p en un point de cote z et la cote Z de la surface libre sur une même verticale sont liées par : $p = \rho\, g\, (Z-z)$. On peut alors établir, soit directement, soit par intégration des équations de *Navier-Stokes* entre le fond et la surface libre, les équations de *Saint-Venant* en deux dimensions [13]:

V.2.3.2.1. Equation de continuité

$$\frac{\partial Z}{\partial t} + div.uh = 0$$

V.2.3.2.2. Equations de quantité de mouvement

$$\frac{\partial uh}{\partial t} + div.u.uh + gh\frac{\partial Z}{\partial x} = T_x + D_x$$

$$\frac{\partial vh}{\partial t} + div.u.vh + gh\frac{\partial Z}{\partial y} = T_y + D_y$$

- ***U*** : Vecteur vitesse en bidimensionnel.
- **u, v** : Coordonnées de la vectrice vitesse ***U*** selon les coordonnées x et y en bidimensionnel.
- **h** : Tirant d'eau.
- **T** : De composantes $\mathbf{T_x}$ et $\mathbf{T_y}$ représente une source (ou puits) de quantité de

mouvement et englobe essentiellement la contrainte exercée sur le fluide à la surface libre (entraînement dû au vent) et au fond. On donne souvent à ce terme de frottement au fond une expression résultant de la loi de *Strickler :*

$$T = -\frac{gu.\|u\|}{K^2 h^{1/3}}$$

- ***K*** : Coefficient de rugosité de *Strickler.*
- $\|u\|$: Module de la vitesse en modèle 2D.
- ***D :*** Représente la diffusion de quantité de mouvement due à la turbulence. Ce

terme est souvent négligé, ce qui est justifié lorsqu'on traite des problèmes de grande emprise, mais il peut avoir une grande importance, par exemple quand on s'intéresse à la propagation d'un effluent où le phénomène de diffusion doit être pris en compte. L'expression employée est alors de la forme :

$$D_x = div.(h\nu_T.grad.u)$$

$$D_y = div.(h\nu_T.grad.v)$$

- $\mathbf{V_T}$: Coefficient de viscosité turbulente (m^2/s).

La valeur de ce dernier est obtenue, dans les modèles les plus élaborés, par résolution de deux équations supplémentaires ayant pour inconnues l'énergie turbulente k et son taux de dissipation ε (*modèles* $k-\varepsilon$).

V.3. Différents modèles hydrodynamiques de résolution

V.3.1. Modèles en mode unidimensionnel (1D)

Les modèles classiquement utilisés sont unidimensionnels (aussi appelés modèles 1D ou filaires). L'écoulement est supposé suffisamment rectiligne pour que chaque section soit sensiblement perpendiculaire à un axe dit axe de l'écoulement et soit définie par la connaissance de son abscisse. Dans un modèle 1D, le lit mineur et le lit majeur actif coulent en même temps mais il est possible de différencier les coefficients de rugosité des deux lits. Parmi ces modèles, on distingue :

- Modèles à bief unique.
- Modèles ramifiés qui permettent de considérer des affluents.
- Modèles maillés qui autorisent la prise en compte de bras multiples.

A titre d'exemple, nous citons : *HEC RAS, MIKE11* ... Ces modèles simulent alors bien les propagations de crue sur de longues distances mais les impacts locaux ne peuvent pas être étudiés

V.3.2. Modèles en mode bidimensionnel (2D)

Les modèles bidimensionnels sont libérés de l'hypothèse d'écoulement axial. Ils permettent de simuler en plan les écoulements et de tenir compte finement des obstacles dans le lit majeur (sans avoir à faire une distinction entre un lit majeur actif et un lit majeur stockant). A titre d'exemple de modèles bidimensionnels nous citons : HEC RAS 5.0.1, *DECAMETRE, FESWMS, TELEMAC-2D, MIKE 21, River 2D, HYDROSIM, ...etc.*

V.3.3. Modèles intermédiaires à CASIER (1.5D)

Ces modèles sont intermédiaires. Ils permettent de prendre en compte des zones du lit majeur, appelées casiers, dont les contours s'appuient sur la topographie (coteaux, digues). Ils supposent que la cote de l'eau est uniforme dans tout le casier et sont architecturés comme des modèles 1D. Moins coûteux en temps de calcul que les modèles 2D, ils autorisent la prise en compte du rôle d'écrêtement du lit majeur, ils sont avantageux par rapport aux modèles filaires pour étudier des impacts locaux dans le lit majeur, en particulier ceux des obstacles transversaux à la vallée (digues longeant le lit mineur), mais ces modèles ne doivent pas être utilisés sur de longues distances.

V.3.4. Modèles en mode tridimensionnel (3D)

Pour rendre compte de la réelle complexité des phénomènes naturels, le recours aux modèles 3D s'avère inévitable. Dans ce cas, les équations de Navier Stockes sont résolues sans tenir compte de l'hypothèse de pression hydrostatique.

Les modélisations tridimensionnelles sont beaucoup moins répandues que les précédentes à cause des capacités des moyens informatiques qui ont été longtemps insuffisants pour résoudre les équations en 3D. Actuellement, les développements technologiques de l'informatique et les efforts consentis pour palier à ce problème permettent d'aller au-delà de cette restriction même si les temps de calcul restent toujours importants. A titre d'exemple de modèles tridimensionnels : *TELEMAC 3D.*

V.3.5. Présentation de quelques logiciels

Ci-dessous ont présentés quelques logiciels de modélisation hydrodynamique

Tableau V.1 : Caractéristiques logiciels de modélisation hydrodynamique.

Modélisation	Description	Equation	Nom du logiciel	Atouts	Limites
Modélisations 1D dites filaires	Onde cinématique	Barré Saint-Venant simplifié (BSV 1D	LISFLOOD-FP (Bates et De Roo 2000)	Permet d'utiliser des données topographiques précises	Equations simplifiées
	SCM (Single Channel Method)	Barré Saint-Venant (BSV 1D)	Thalweg-Fluvia (CEMAGREF)		
	Modélisation 1D à casiers (pseudo 2D)	BSV 1D	LIDO (CETMEF)	Conçu pour les grandes plaines inondables	
	DCM (Divided Channel Method	BSV 1D	HEC-RAS (USACE), Mike 11 (DHI)	Robustesse et fiabilité	Peu adapté aux reliefs complexes

	DCM + échange turbulent	BSV 1D	Mascaret (EDF), Mage5 (CEMAGREF	Tient compte des échanges turbulents entre lits	
	EDM (Exchange Discharge Method	BSV 1D	Axeriv (Université Louvain)	Tient compte des échanges turbulents et des transferts de masse entre lits	Peu diffusé, reste du domaine de la recherche
Modélisations 2D		BSV 2D	DECAMETRE HEC RAS 5.0.1 Telemac 2D (LNH-EDF), Mike 21 (DHI), RUBAR (CEMAGREF	Adapté aux reliefs et aux champs de vitesse complexes	Temps de calculs longs
Modélisations 3D		Navier-Stokes	Mike 3 (DHI)	Equations complètes	Temps de calculs très longs

V.3.6 Présentation de code de calcul (HEC-RAS 5.0.1)

HEC-RAS, Hydrologic Engineering Centers River Analysis System (Système d'analyse des rivières du centre d'ingénierie hydrologique) est un logiciel de modélisation hydraulique destiné à simuler l'écoulement dans les cours d'eau et les canaux. Le modèle utilisé jusqu'à la version 5.0 était unidimensionnel, ce qui signifie qu'il n'existait pas de modélisation directe des variations hydrauliques dues aux changements de forme de la section transversale, à la présence de coudes ou autres aspects d'un écoulement 2D ou 3D. Depuis la version 5.0, il est possible de réaliser des modélisations 1D ou 2D de la rivière et des plaines d'inondation.

Le programme a été élaboré par le ministère américain de la Défense (corps des ingénieurs de l'armée des États-Unis) dans le but de gérer les rivières, les ports et autres travaux publics relevant de leur compétence, il a été largement diffusé de par le monde depuis sa publication en 1995. Développé par l'Hydrologic Engineering Center (HEC) en Californie, ce système permet aux ingénieurs en hydraulique d'analyser les débits dans le lit des rivières et de déterminer les zones inondables. Il intègre de nombreux moyens de saisie de données, de composants d'analyse hydraulique, de stockage de données, d'édition de rapports sous forme de tables et de graphiques [13]

V.4. Modélisation hydrodynamique d'oued ILLIZI

Pour modélisé l'inondation d'oued ILLIZI et protéger la ville on a proposé le stratège suivant :

Tableau V.2 : paramètres et buts de scénarios de stratège proposer.

Scénario	Forme de terrain	Débit de pointe	But de scénario
1	Terrain naturelle + ouvrages existant en 2006	10 ans 40ans 100ans	Vérifier la fiabilité de résultats de HEC RAS
2	Terrain naturelle + ouvrages existant après 2006	10 ans 40 ans	Vérifier le fonctionnement des ouvrages existant
3	Terrain naturelle + ouvrages proposer par nous	40 ans	Vérifier le fonctionnement des ouvrages proposer

V.4.1 Les étapes à suivre pour générer le model 2D d'Oued ILLIZI.

V.4.1.1. Modélisation de 1er Scénario (terrain naturelle + ouvrages 2006) :

1- Création de terrain d'étude :

Pour créer le terrain et intégrer dans le HEC RAS on a utilisé un couplage entre les logiciels pour générer un terrain sous forme d'un fichier « .img » qui est acceptable pour le HEC RAS.

Les logiciels utiliser sont :

Google Earth Pro : pour extrait les cordonner X et Y de maximum possible des points dans notre zone d'étude dans un fichier KML.

Après on va ajouter les cordonner Z par l'aide d'un site internet appeler : http://www.gpsvisualizer.com/elevation

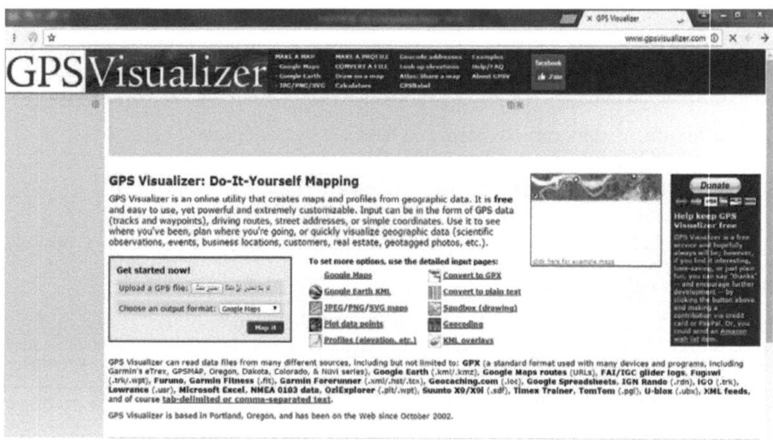

Figure V.2 : page d'accueil de site « GPS Visualzer »

Ce site nous donne un fichier « .text » contient les cordonner X , Y , Z de chaque point dans la zone sélectionner, on enregistre ce fichier sous forme Excel pour utiliser dans le Arc gis .

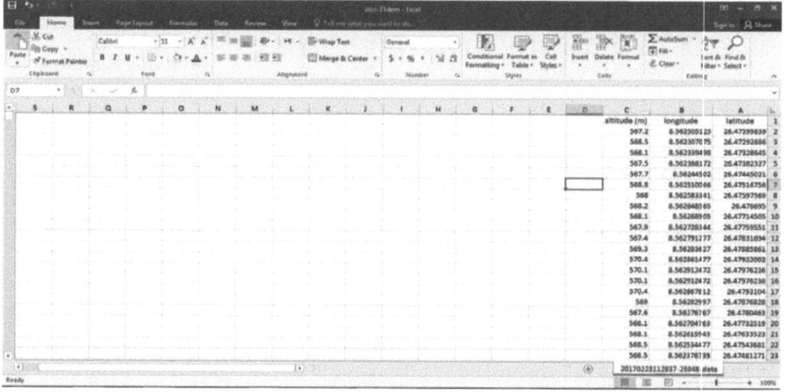

Figure V.3 : page Excel affiche le tableau des cordonnées X, Y, Z générer par le site « GPS V »

En fin on ajoute le fichier Excel dans Arc gis et par l'utilisation de l'outil « geostatistical Analyst » on va générer notre terrain.

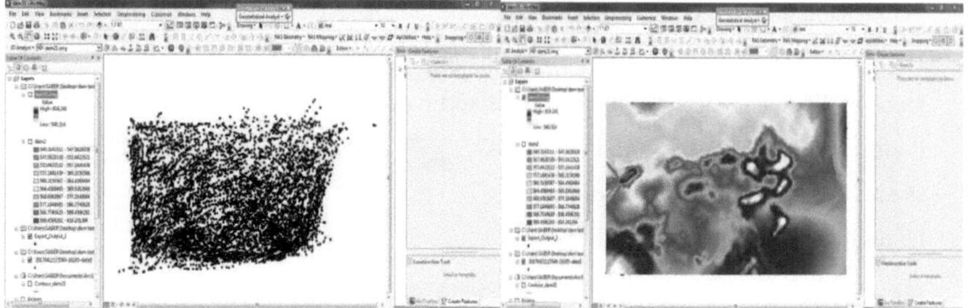

Figure V.4 : état initiale de DEM **Figure V.5** : l'état final de DEM sur arc gis

2- Ajouter le terrain sur HEC RAS et création des mailles sur la zone inondée

Le terrain ajouter simplement à partir de RAS mapper par une clique droite sur le champ Terrains « terrain » et choisir « creat a new terrain » a prés on va entrer l'emplacement de notre terrain sur notre ordinateur et cliquer sur « creat », pour mieux visualisation on peut ajouter une image satellitaire de la zone (cette option nécessite une connexion internet) et le résultat est la suivante :

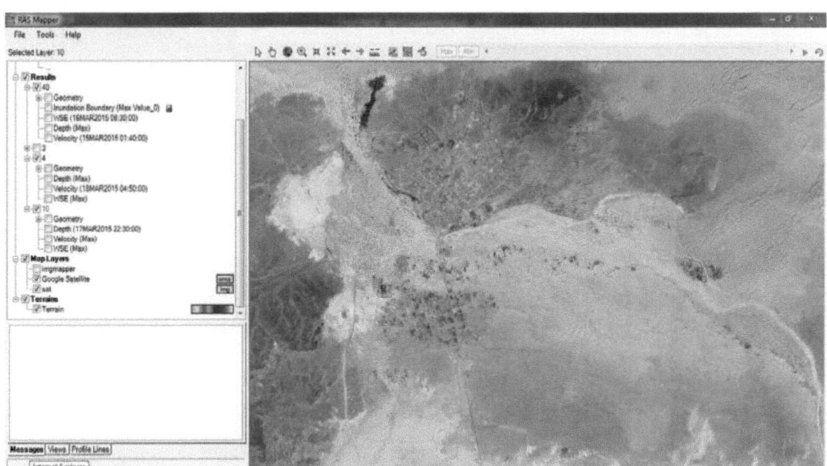

Figure V.6 : le terrain avec une image satellitaire sur HEC RAS

Maintenant, on va créer le maillage sur la zone inondée par l'outil « geométric Data » on choisir l'outil « 2d flow area » et on dessiner les limites de la zone inonder. Et il faut détecter l'entrer et le sortir de la zone selon la pente de terrain par l'utilisation de l'outil « SA/2D area BC liens » et on dessiner l'entrer « up stream » et le sorter « down stream »

Le résultat et comme suite :

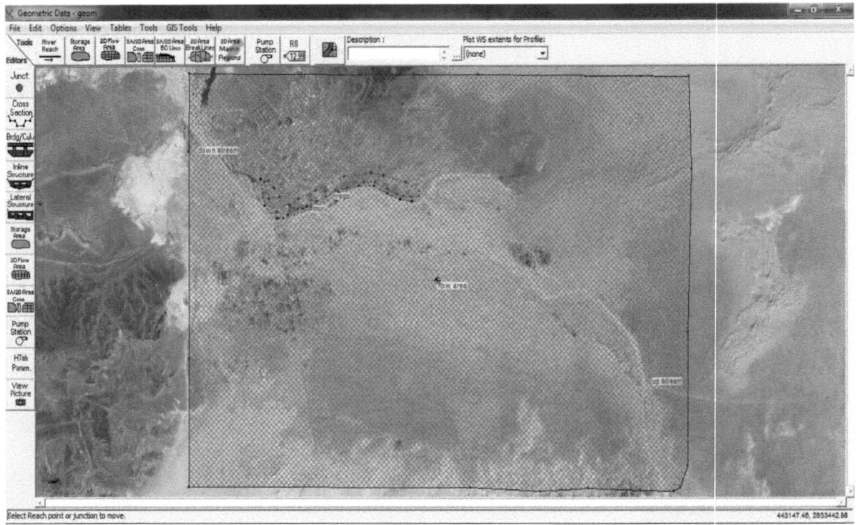

Figure V.7 : délimitation de zone inondée et détermination d'entrée et sortie de l'eau

3- Entrée l'hydro-gramme de crue :

Aprés l'étude hydrologie de chapitre précédent on va choisir trois périodes de retour (10, 40 et 100 ans) pour générer trois scénarios défirent selon le débit de point par l'utilisation de l'outil « view/edit unsteady flow data ».

- Pour « boundary condition up stream » on choisit « flow hydraugraphe », dans la fenêtre suivant en remplir le champ de debit , choisir l'intervale de tempe et la date de démarrage de simulation

- Pour « boudary condition down stream » on choosier « normale depth ».

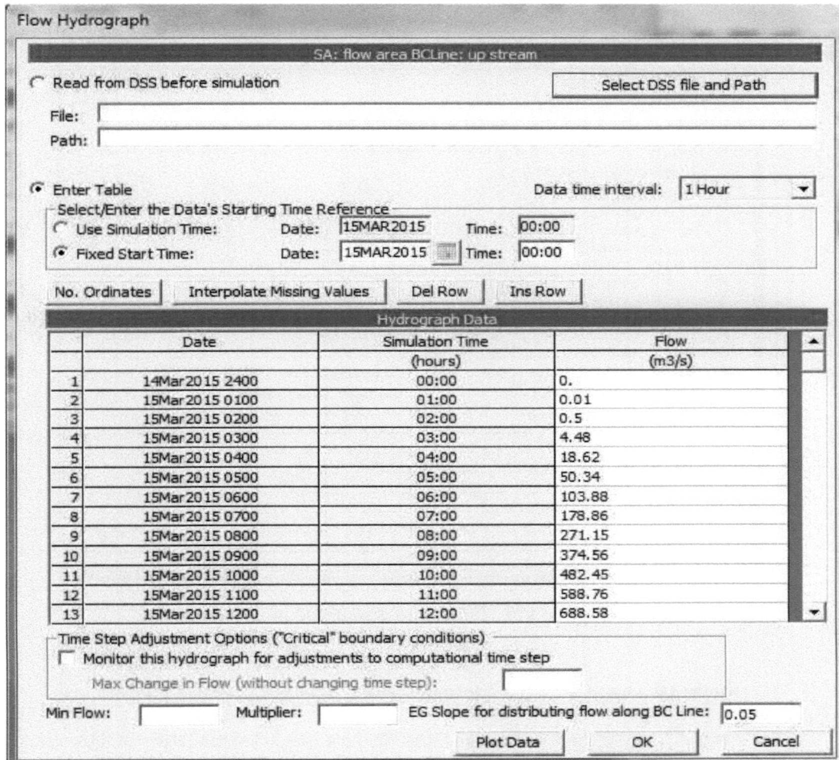

Figure V.8 : fenêtre pour remplir l'hydrogramme de crue

- **Simulation et voire les résultats :**

On clique sur « preforme an unsteady flow simulation » , la fenêtre suivante apparaitre (voir figure V.9).

On sauvegarder le plan de travaille avec un ID spécifique

Coucher les éléments de « programs to run » sauf l'éliment « sidiment ».

On remplir les dates de démarrage et d'arrêt de simulation et on clique sur « compute »

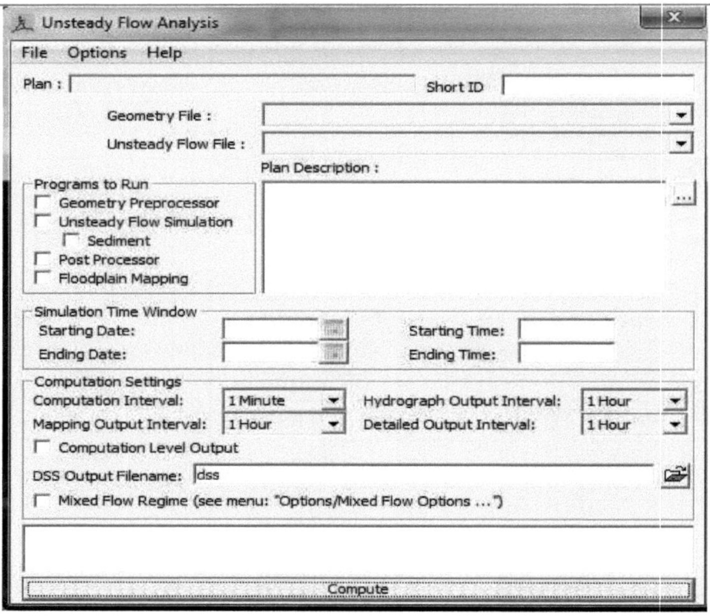

Figure V.9 : fenêtre de démarrage de computation

Le HEC RAS démarrer les calculs pour créer le scénario de phénomène

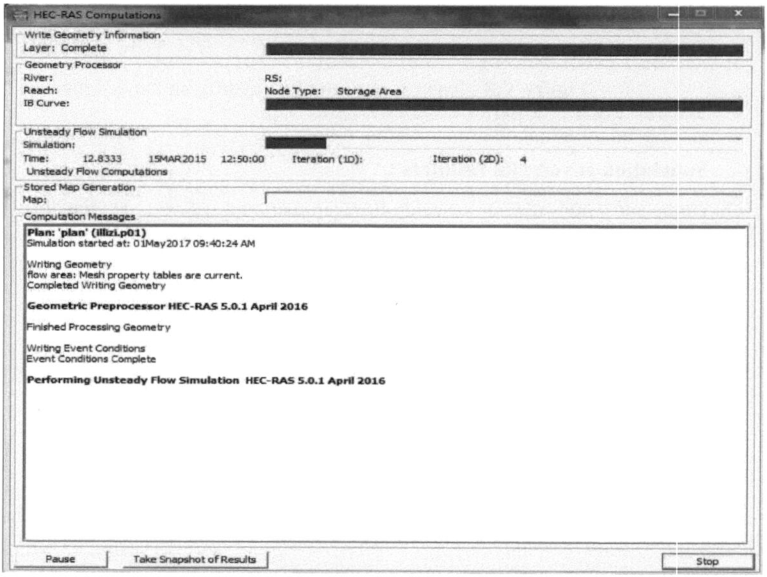

Figure V.10 : démarrage de computation par HEC RAS

Quand le calcule est terminer sans des erreurs le HEC RAS afficher :

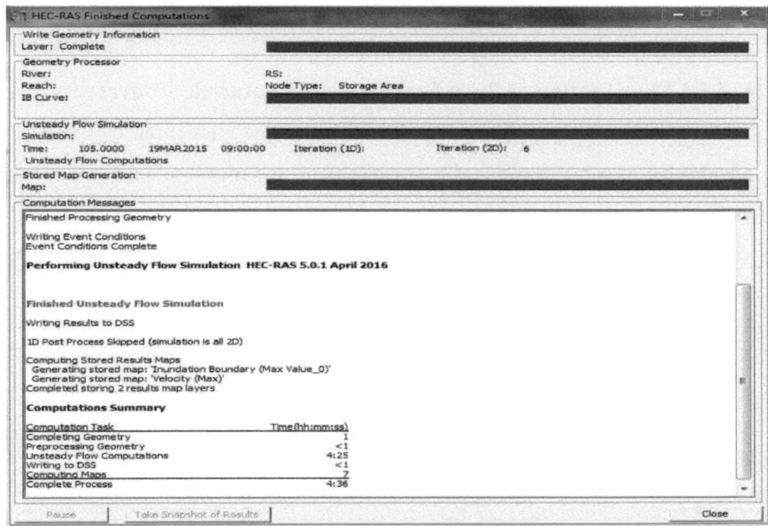

Figure V.11 : fenêtre montre que les calculs terminer correctement

On peut voir les résultats sur RAS mapper :

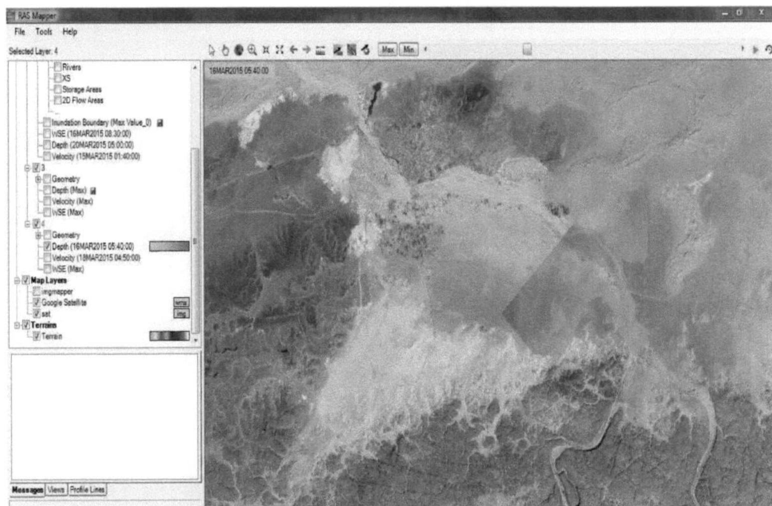

Figure V.12 : Démarrage de simulation de développement de crue

Les résultats de HEC RAS se sont les vitesses, les profondeur et l'élévation de surface d'eau dans chaque point et sont afficher sous deux formes, tableau + graphe présent la variation de paramètre par rapport le temps.

V.4.1.2 Modélisation de 2em scénario (terrain naturelle + ouvrages existant)

Pour faire cette étape on a organisé une troisième mission en 29 mai 2017 pour prendre les mesures des ouvrages existant pour une modélisation correcte sur HEC RAS.

Figuier V.13 : passage busé cassé

Figure V.14 : Passage busé colmaté en amont

Figure V.15 : passage busé colmaté

Figure V.16 : passage busé cassé

Figure V.17 : Passage busé intégrer au pont

Figure V.18 : photo de pont

Figure V.19 : passage au-dessous de pont

Figure V.20 :mésurer la hauteur de mure

Figure V.21 : épie existant

Figure V.22 : mesurer la crête et la hauteur d'épie

Figure V.23 : Mesurer la hauteur de mur de protection

Figure V.24 : la fin de mur de protection (TIKNAOUIN)

Les mesures des ouvrages dans le tableau suivant :

Tableau V.3 : les mesures des ouvrages existant.

Ouvrage	Etat	Démonisons
Mure de protection	Bonne	Profondeur de 2m sur tous la longueur de mur
Passage busé	Cassé	Diamètre des conduites : 105cm N des conduites : 14 Hauteur : 2m Largeur : 9 m Distance entre deux conduites proches : 75 cm Distance entre deux conduites loin : 2.7m
Epie	Bonne	Longueur : 350m Hauteur : 1 m
Pont	Nouvelle (Bonne)	Hauteur varie entre 2.5 et 4.2m N de pied : 12 Distance entre deux pieds : 14m Largeur : 6 m
Passage busé intégré a le pont	Nouvelle (Bonne)	Diamètre de conduites : 107 cm N de conduites : 5 Distance entre deux conduites : 2.8m

Sur le même terrain créer dans le premier Scénario on va ajouter les ouvrages existants, par l'utilisation d'outil « SA/2D area connection » dans la fenêtre «view/édit geométric Data » .

Pour le moment sur la version actuelle de HEC RAS l'intégration de pont sur un model 2D n'est pas effectuer, alors on va juste comparer l'élévation d'eau dans le même site de pont et comparer pour juger l'ouvrage.

Les modelés des ouvrages apparaitre dans les figuiers suivants.

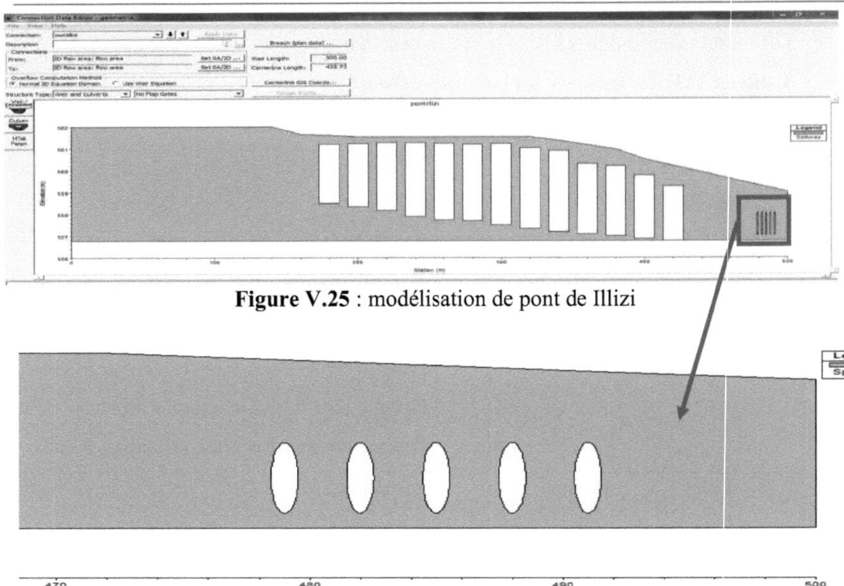

Figure V.25 : modélisation de pont de Illizi

Figure V.26 : zoom sur la modélisation de pont de Illizi présent le passage buser intégrer

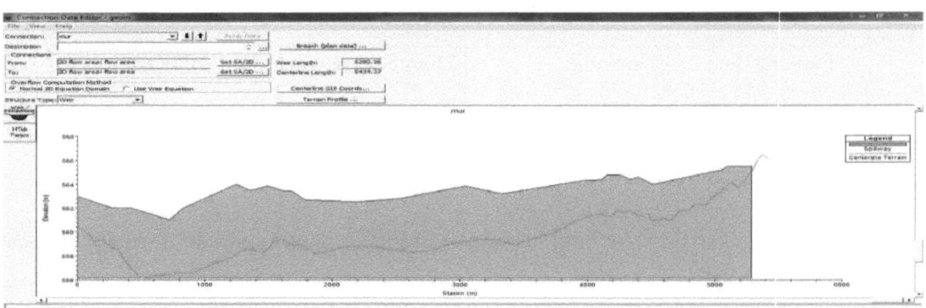

Figure V.27 : modélisation de mur de protection de Illizi

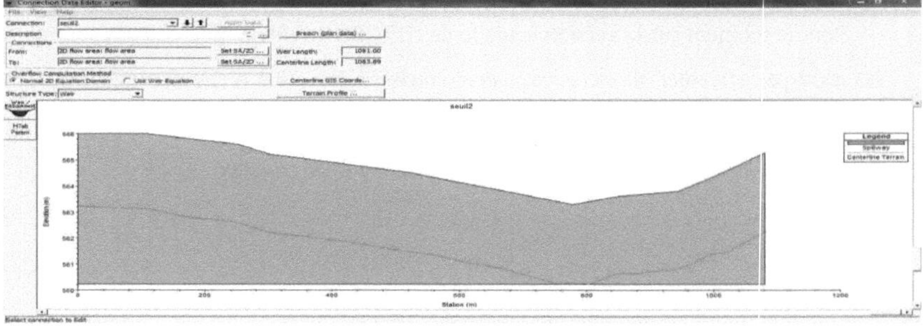

Figure V.28: modélisation de épie existant

V.4.1.3 Résultats :

1er Scénario :

On va résumer les résultats par déterminer 10 point et suivre la variation de profondeur et vitesse pour déterminer le type et les dimensions des ouvrages de protection dans chaque zone.

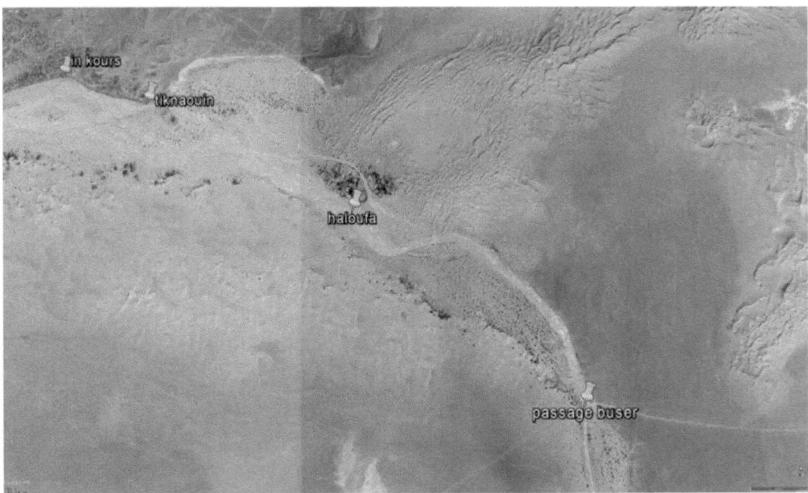

Figure V.29 : emplacement de 4 premier points.

Figure V.30 : emplacement des autres points.

Les résultats sont affichés dans le tableau suivant :

Tableau V.4 : les profondeurs et les vitesses maximal dans les 10 point déterminer

Point		Cordonnées		Périodes de retour (ans)					
				10	40	100	10	40	100
ID	Site	Esting (m)	Northing (m)	Profondeur Max (m)			Vitesse Max (m/s)		
1	Passage busée RN3	457896.83	2926425.70	4.43	6	6.98	6.5	9	12.4
2	Haloufa	454622.24	2929219.65	4.1	5.28	6.5	7.2	11	13.8
3	Tiknaouin	451447.48	2930986.53	-	0.5	1	-	1	2.5
4	In kours	450093.81	2931453.73	1	1.8	2.85	0.4	4.8	5.4
5	Taghezit	448572.83	2930820.94	1.7	3.6	3.4	6.8	14.1	21
6	Marcher	448307.22	2931165.07	0.5	2.2	2.3	0.7	3.5	5.6
7	Jardin	447590.52	2931197.96	-	0.9	1.4	-	1.4	3
8	Pont	447639.77	2930518.90	2.2	4.3	4.5	4.7	10	12
9	Coté de Stade	447171.31	2931030.46	3	5	5.7	11.2	14	21
10	Cité 66 logement	448693.04	2931501.34	0.5	1.5	2.3	1	2.9	6.4

Tableau V.5: Comparaison des résultats de crue (40 ans) et les trace de dernier crue

Lieu	**Trace de dernier crue**	**Résultats HECRAS crue 40ans**
Marché	1.84 m	2.2 m
Jardin	0.9m	0.9m
Cité 66 logement	1.1 m	1.5m
Arcade en face de jardin	0.9m	0.86m

D'après l'analyse des résultats de comparaison on peut dire que les résultats de HEC RAS sont fiables et utilisables dans la détermination de type et dimensions des ouvrages de protection.

Pour choisir avec quelle débite de crue on va dimensionner notre système de protection on a vérifié l'historique des crues dans la zone depuis 1860 jusqu'à 2006 et on a trouvé que le plus fort crue dans cette période c'est la crue de 25 Avril 1931, caractériser par une profondeur de 4 m dans le lit d'oued, la même profondeur détecter sur HEC RAS pour une crue de période de retour de 40 ans.

Alors on va dimensionner notre système pour un débit de crue d'une période de retour de 40 ans

Les profondeurs d'eau dans les limite de la ville variée entre 0.6m et 3 m pour une crue de 10 ans, entre 0.6 et 5.2m pour une crue de 40 ans et entre 1m et 6m pour une crue de 100 ans

Après un suivre totale de limites de la ville (berge d'oued) on a détecté deux zones qui nécessite une protection contre l'érosion à cause de la vitesse élevée de l'écoulement.

La premier zone « Taghezit » entre les deux points (448824.46 m E, 2930946.79 m N) et (448572.00 m E, 2930820.00 m N) d'une longueur de 307 m et une vitesse variée entre 10.1 et 9 m/s.

La deuxième zone « derrière l'hôpital » entre les deux points (447519.21 m E, 2930718.88 m N) et (447141.57 m E, 2931227.91 m N) d'une longueur de 687m et une vitesse variée entre 10.23 et 12.8 m/s.

2ém Scénario :

Le système de protection actuelle à l'habilité de protéger la ville contre une crue d'une période de retour de 10 ans, mais n'est pas valable pour un débit d'une période de retour de 40ans.

Génération des cartes d'inondation :

Par ce que le HEC RAS n'offrir pas l'impression des cartes on va envoyer les résultats vers Google Earth pro qui offrir une impression avec des résolution élevée, pour cela on va utiliser l'Arc gis comme une liaison entre Google Earth Pro et HEC RAS.

On va générer les Cinque cartes suivantes :

- Carte d'inondabilité de 1er scénario, crue 10 ans +40 ans + 100 ans.
- Carte d'inondabilité de 2^{em} scénario, crue 10 ans + 40 ans.

Figure V.31 : carte présent les limites d'inondations (10 ans 1er scénario).

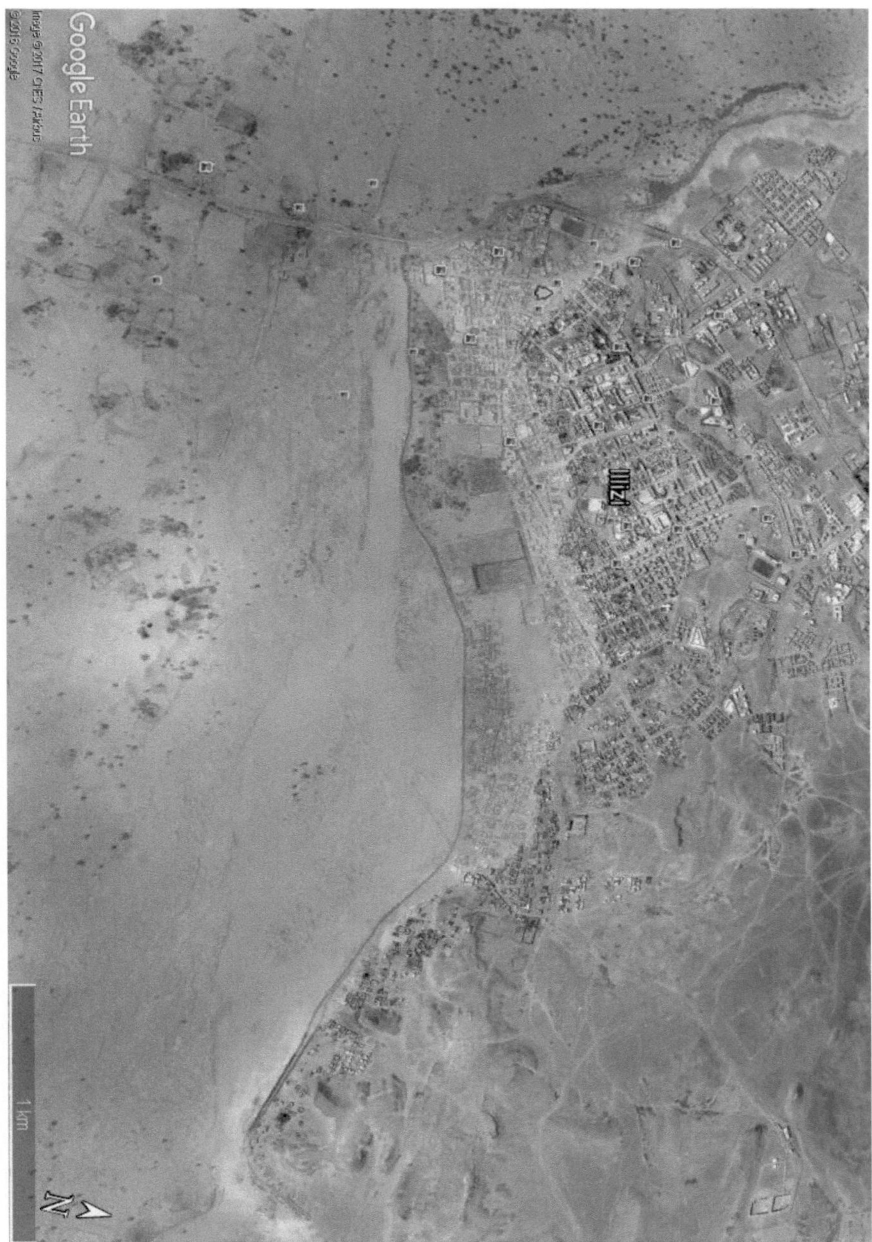

Figure V.32 : carte présent les limites d'inondations (40 ans 1er scénario).

Figure V.33 : carte présent les limites d'inondations (100 ans 1er scénario).

Figure V.34 : carte présent les limites d'inondations (10 ans 2^em^ scénario).

Figure V.35 : carte présent les limites d'inondations (40 ans 2^{em} scénario)

V.4.1.4 PROPOSITION DES SOLUTIONS DE PROTECTION

Pour déterminer les types des ouvrages de protection on à programmer une mission pour faire un diagnostic des ouvrages existant et on à trouver

Les solutions de protections proposées sont de deux types :

a) Solutions préventives : elles consistent tous les aménagements hydrauliques susceptibles d'amortir et / ou d'affaiblir les crues, ces aménagements seront réalisés à l'amont de la ville.
b) Solutions curatives : elles consistent tous les aménagements hydrauliques qui gardent le cours d'eau actuel et renforcent les ouvrages existants, ces interventions concernent généralement le lit et la berge d'oued sur toute la traversée de la ville

L'oued de « ILLIZI » cause des inondations pendant les crues et provoque des dégâts au niveau de la ville pour cela nous proposons des solutions qui assurent la protection de la ville contre les crues.

V.4.1.4.1 LES SOLUTIONS :

Pour assurer une protection de la ville contre les crues nous proposons les interventions suivantes :

A- Réalisation des seuils
B- Réalisation des épis
C- Réalisation de gabionnage des berges nues
D- Réalisation des murs

V.4.1.4.1.1- LES SEUILS :

Pour ralentir le courant et favoriser la sédimentation et l'infiltration d'eau au niveau de lit d'oued nous avons proposé des seuils au niveau de deux zones sur le lit majeur par des caisses de gabionnage de dimensions (1.00 x1.00 x 4.00) m

(Voir la figure V.36).

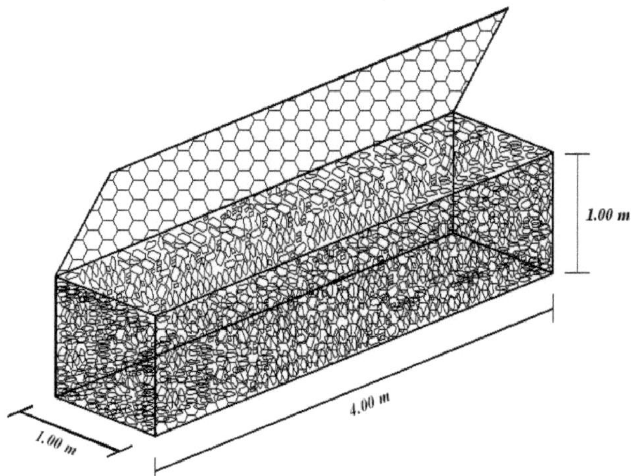

Figure V.36 : Caisse de gabion métallique

Par ailleurs les seuils créent des zones d'épandage (inondable) à l'amont ce qui ralenti l'écoulement, et les torrents d'un côté et diminue les pentes sur les tronçons amont avec le temps d'un autre coté et c'est le but recherché par leur réalisation.

Figure V.37 : emplacement des seuils 1er zone (TIKNIOUINE)

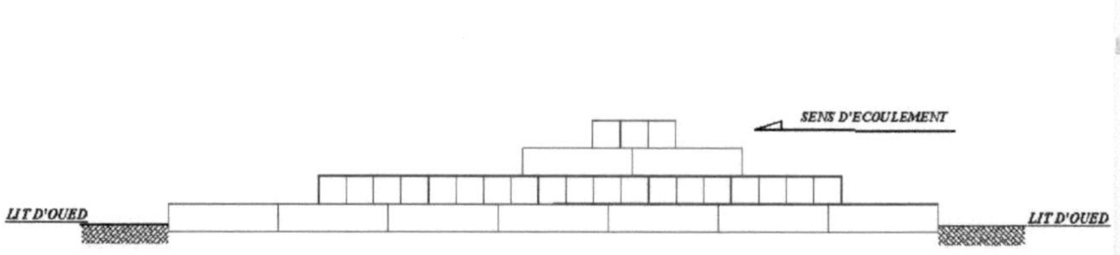

Figure V.38 : coup transversale de seuil N° (I)

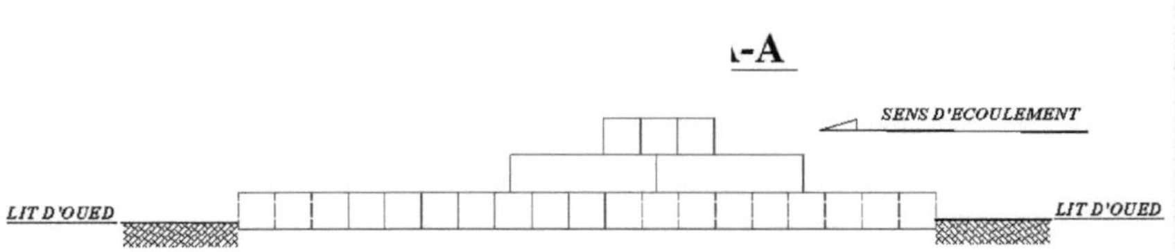

Figure V.39 : coup transversale de seuil N° (II)

Tableau V.6 : caractéristiques de seuil N° (I)

<table>
<tr><th>Hauteur (m)</th><th colspan="2">Largeur (m)</th><th>Longueur (m)</th></tr>
<tr><td rowspan="2">4</td><td>Base</td><td>Crête</td><td rowspan="2">180</td></tr>
<tr><td>28</td><td>3</td></tr>
</table>

Tableau V.7 : caractéristiques de seuil N° (II)

<table>
<tr><th>Hauteur (m)</th><th colspan="2">Largeur (m)</th><th>Longueur (m)</th></tr>
<tr><td rowspan="2">3</td><td>base</td><td>crête</td><td rowspan="2">1400</td></tr>
<tr><td>19</td><td>3</td></tr>
</table>

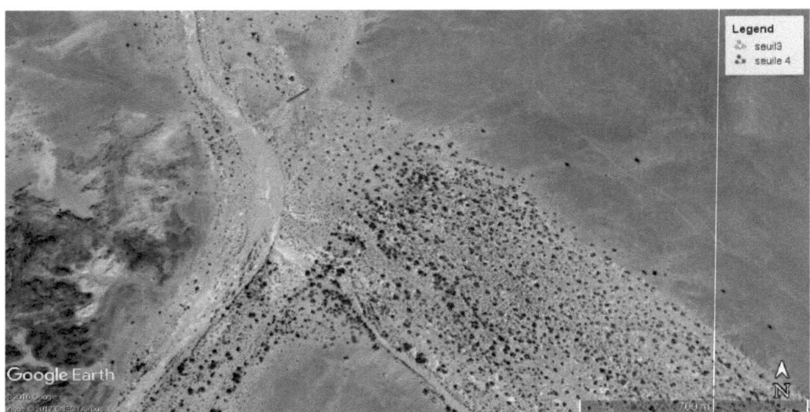

Figure V.40 : emplacement des seuils 2eme zone (AOUIL)

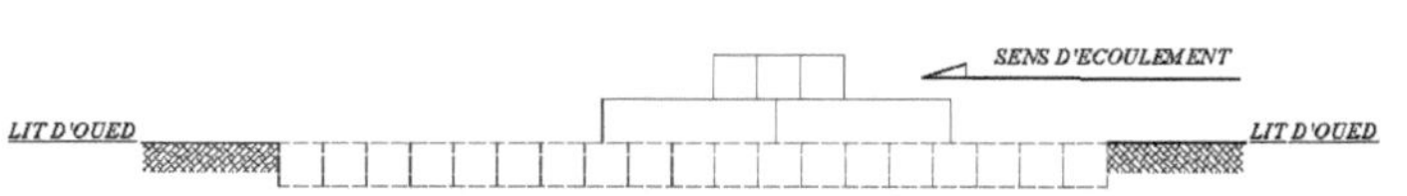

Figure V.41 : coup transversale de seuil N° (III)

Tableau V.8 : caractéristiques de seuil N° (III)

Hauteur (m)	Largeur (m)		Longueur (m)
	base	crête	
3	35	3	200

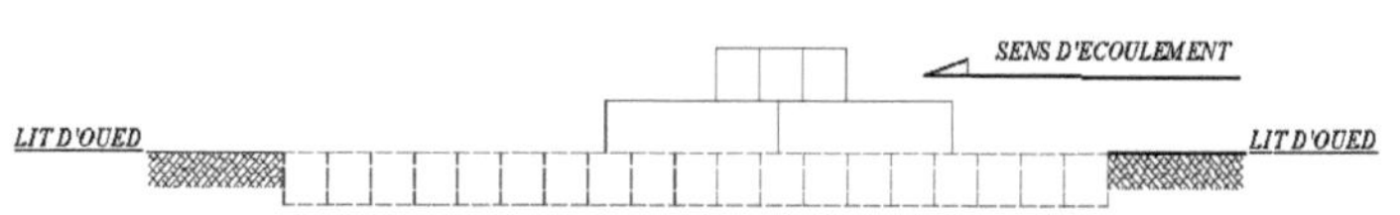

Figure V.42: coup transversale de seuil N° (IV)

Tableau V.9 : caractéristiques de seuil N° (IV)

<table>
<tr><td>Hauteur (m)</td><td colspan="2">Largueur (m)</td><td>Longueur (m)</td></tr>
<tr><td rowspan="2">3</td><td>Base</td><td>Crête</td><td rowspan="2">120</td></tr>
<tr><td>19</td><td>3</td></tr>
</table>

V.4.1.4.1.2- LES EPIS :

Un épi est une structure enracinée au berge, établie transversalement au courant, la figure ci-dessous présente la coupe longitudinale d'un épi.

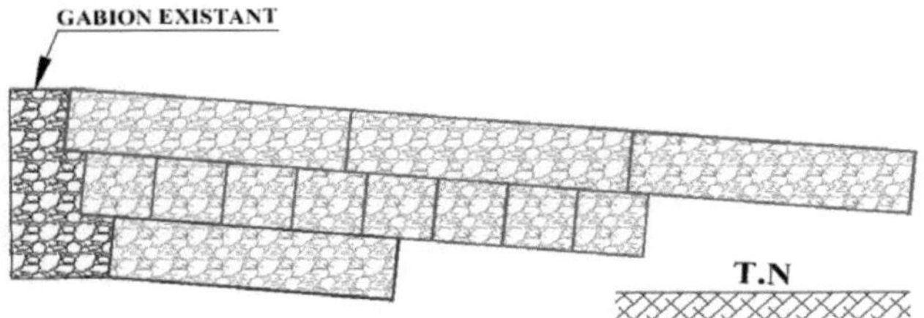

Figure V.43 : coupe longitudinale d'épi

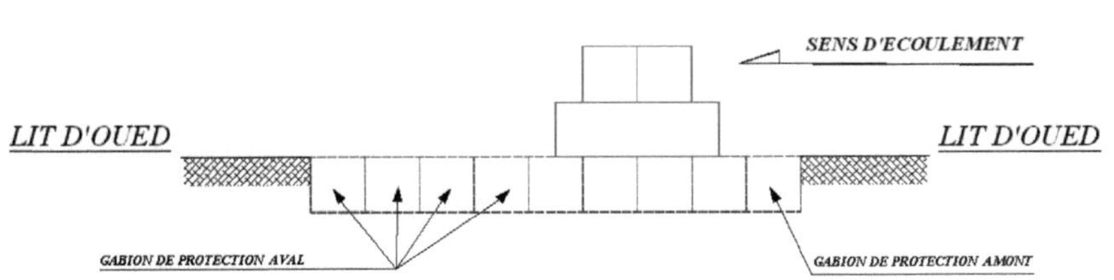

Figure V.44: coupe transversal d'épi

Les épis constituent des obstacles à l'eau, ils provoquent un changement de direction du courant à leur voisinage, avec une diminution de vitesse de la tête vers l'enracinement ce qui provoque la décantation des matériaux entre deux (02) épis et favorise l'infiltration.

Ce type des ouvrages ont pour but :

1- Réorientation douce de courant d'eau, repousse le courant, et protège la berge contre l'érosion et l'affouillement.
2- Ralentir le courant pour favoriser la sédimentation et l'infiltration.
3-

On propose les épis dans le lit mineur de l'oued sur deux zones par des caisses de gabionnage de dimensions : (1.00 x1.00x 4.00) m, et (1.00 x1.00x 3.00) m

Figure V.45 : emplacement des épis N° I –II

Tableau V.10 : caractéristiques d'épi N° (I)

Hauteur (m)	Largeur (m)		Longueur (m)
3	Base	Crête	1400
	6	3	

Tableau V.11 : caractéristiques d'épi N° (II)

Hauteur (m)	Largeur (m)		Longueur (m)
2	Base	Crête	1180
	4	2	

V.4.1.4.1.3- LE MUR :

Pour le renforcement du mur existant et la protection de la zone urbaine nous proposons des modifications sur les hauteurs.

- Le mur de la protection : délimitation de la zone urbaine sur un linéaire L= 5400 m et hauteur H varier entre 2 et 5 m

Figure V.46 : emplacement de mur

V.4.1.5 Modélisation de 3em scénario (terrain naturelle + ouvrages proposer)

Pour modéliser la 3ém scénario on va modifier les ouvrages existant et ajouter notre proposition et juger l'efficacité de notre système par voire les résultats de simulation.

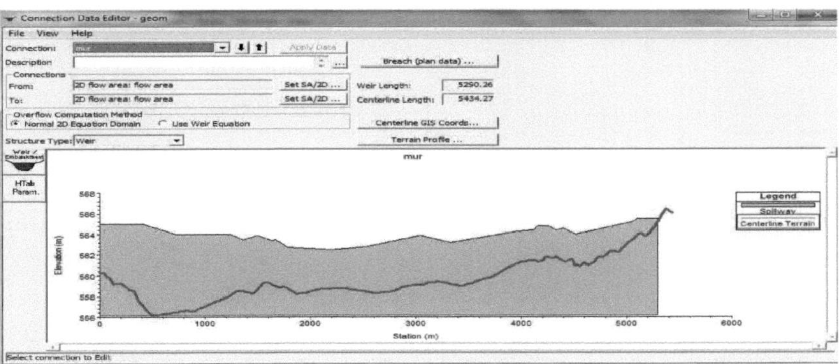

Figure V.47 : modélisation de mure proposé

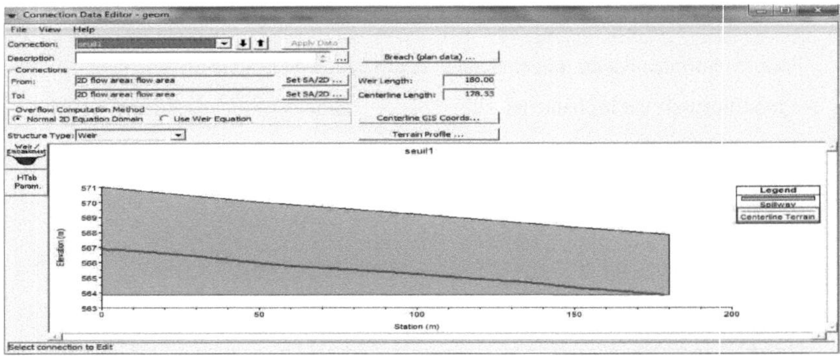

Figure V.48 : modélisation de seuil 1 proposé

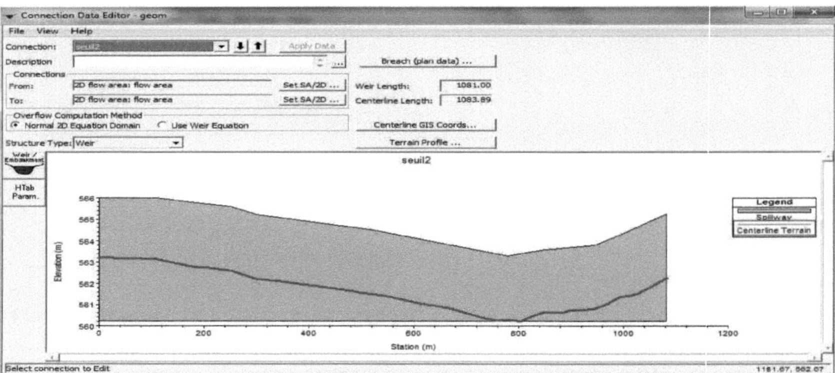

Figure V.49 : modélisation de seuil 2 proposé

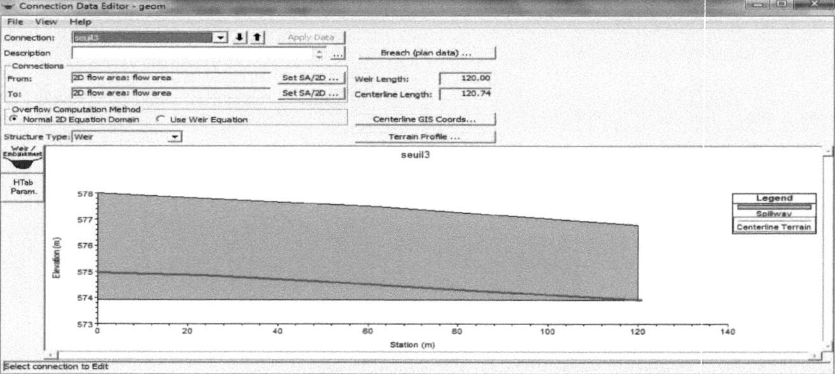

Figure V.50 : modélisation de seuil 3 proposé

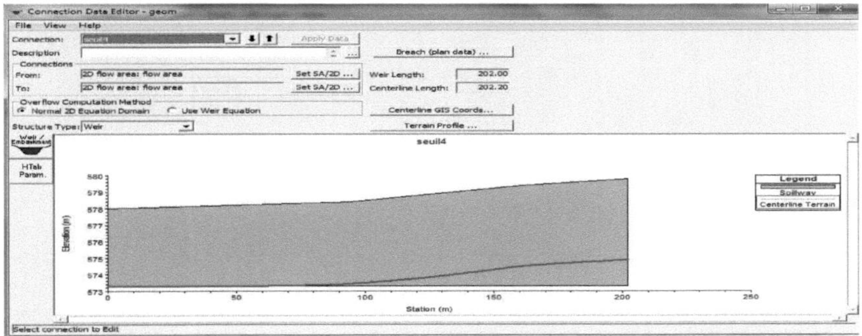

Figure V.51 : modélisation de seuil 4 proposé

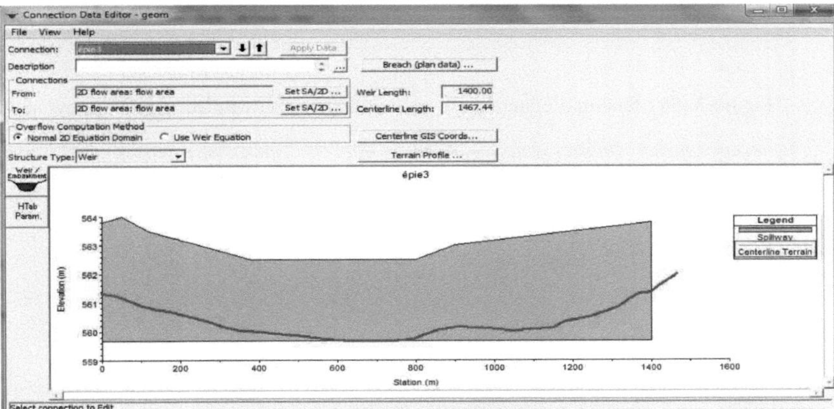

Figure V.52 : modélisation d'épie 1 proposé

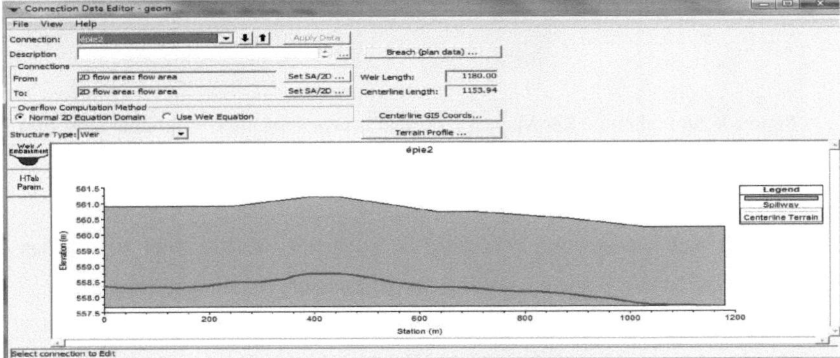

Figure V.53 : modélisation d'épie 2 proposé

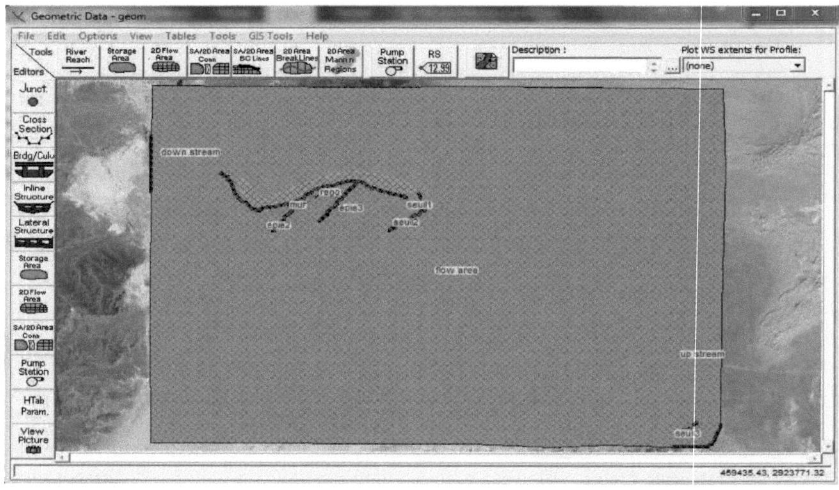

Figure V.55 : fenêtre d'éditeur de la géométrie présent l'emplacement des ouvrages

Figure V.56 : fenêtre « Ras Mapper » présent la protection de la ville dans l'état max de crue.

V.4.5.1. Résultats :

Après les modifications sur le système de protection actuelle et la construction des nouveaux ouvrages proposé pour défirent buts on a assuré les points suivants :

- Une protection de la ville de ILLIZI jusqu'à 97.5%
- Une protection des berges contre le risque d'érosion des deux zones (Taghezit et derrière l'hôpital).

Figure V.57 : carte présent les limites d'inondations (40 ans 3^{em} scénario)

Conclusion générale

La protection des sites urbains contre les crues et les inondations et la modélisation de cette phénomène est une nécessité indispensable afin de réduire les risques humains, matériels et économiques.

En effet, qui dit protection contre l'inondation, dit protection de la ville, sauvegarde du patrimoine, de l'architecture et, somme toute paisible vie pour l'homme.

C'est pour ces multiples raisons que nous sommes occupés, tant qu'un équipe (prof + étudiant de 2ém Master), de cette problématique qui, pour exécuter une modélisation qui nous donne une vue préventive et nous aide à créer un système de protection valable à préserver les habitants et les équipements en risque.

Ainsi nous avons pris pour région d'étude la ville de ILLIZI.

Nous avons scindé notre travail en deux étapes essentielles.

La première a consisté à une étude hydrologique pour une bonne évaluation des débits de point ou on à prendre en considération les documentations d'archive et les enquêtes avec les vieux habitants pour nous donne une idée sur les caractéristiques de plus grand crus (limites d'inondation + hauteurs d'eau).

Par la suite, dans la deuxième partie, nous avons élaboré une modélisation par l'utilisation de code de calcule 2D HEC RAS 5.0.1, suivant une stratégie de travail consiste à créer deux scénarios déférents pour examiner la fiabilité des résultats donner par le HEC RAS et pour tester l'efficacité de système existant contre des déférent débits de point (10, 40 et 100 ans), après on a crié un nouveau système de protection et générer un troisième scénario pour but d'examiner notre système de protection.

En fin de cette étude on a trouvé que le système de protection actuelle n'a pas l'habilités de protéger la ville contre des crues de période de retour supérieur a dix ans, et il faut le renforcer pour plus de sécurité.

Références

[1] Le risque inondation « www.prim.net »

[2] Les risques naturels « D D R M 2 3 »

[3] Risques naturels majeurs « DOSSIER D'INFORMATION ».

[5] Crues et inondations « les agencies de l'eau »

[6] Hydraulique_Hydrologie_Saad_Bennis (page 245)

[7] Revue scientifique et technique LJEE N 24-25 juin-Déc 2014 « Méthode de calcul des crues des oueds de l'Algérie » (page 62-75)

[8] Notions de base en Hydrologie et modélisation de bassin versant FORMATION TECHNIQUE 11 juin 2013

[9] JUSTEMENT STATISTIQUE A DES ECHANTILLONS DE PLUIES ET DEBITS APPLICATION AUX DONNEES DU BASSIN VERSANT DE LA FALEME Laboratoire d'hydrologie, Dakar - Hann « 1991 – 1992 »

[10] Eléments d'hydrologie de surface J.P. LABORDE 2000 (page 144)

[11] L'hydraulique au pluriel « Abdeljalil Gouzrou » (page 218)

[12] Guide de prévision des crues Tome II (page 226)

[13] Thèse de doctorat Modélisation macroscopique des inondations fluviales et urbaines - Prise en compte des ´écoulements directionnels et des ´échanges lit majeur - lit mineur « Pascal Finaud-Guyot 26-11-2009 »

Autres références :

* Inondations Torrentielles Cartographie des Zones Vulnérables en Algérie du Nord (Cas de l'oued Mekerra, Wilaya de Sidi Bel Abbès)

* Guide de prévision des crues Tome I

*HYDROLOGIE DES BASSINS DE L'EST ALGERIEN : RESSOURCES EN EAU, AMENAGEMENT ET ENVIRONNEMENT Par Azzedine MEBARKI

*Introduction à l'Etude des Processus Hydrométéorologiques Application à la Prédétermination des Débits de Crues « Jacques MIQUEL 2005-2006 »

*Contribution à l'analyse du risque en hydrologie urbaine Jean-Emmanuel PATUREL (1), Bernard CHOCAT (2)

Sitographie :

http://hecrasmodel.blogspot.com/

https://gis.stackexchange.com/

http://www.zonums.com/online/coords/cotrans.php?module=13

Printed by Books on Demand GmbH, Norderstedt / Germany